只要好好活著，就很了不起

接受不確定、擁抱多樣性，
讓生物學的趣味，
豐富你的人生視野！

更科功 —— 著　陳怡君 —— 譯
曾文宣 —— 審訂

—專家推薦—

●讀到第三章就讓我欲罷不能了，作者像是個說書人，娓娓道來盡是生命演化的奇妙。知識常給人生硬、枯燥的印象，但作者說書的語氣柔和親切，內容豐富有趣，舉例活潑鮮明，搭配簡明繪圖譜成了另一種「故事生物學」的曲調。迥異於一般教科書的寫法，使中學生可以享受理解式的閱讀，其寬廣性與視野值得肯定。

——師鐸獎得主、專業生態教師　**李曼韻**

●我好喜歡這本書！利用非常輕鬆、淺顯的生活化語法，清楚講述十分重要、基礎的生物與演化觀念，作者的功力真是了得！

——台灣師範大學生命科學系教授　**林思民**

●你我皆生物，終日奔波苦，所有細胞一刻不得閒，何時能看見這世界為我們展現的生命奧秘？作者更科功帶領我們像生命科學家一樣，探索習以為常的各種生物學現象，進一步認識從沒想過的問題，更體會生在人世間的珍貴！

——清華大學生命科學系助理教授　**黃貞祥**

● 這是一本超級有趣、平易近人，一開始閱讀就讓人愛不釋手的科普好書，非常適合做為國高中學生的生物科學習指引。特別是在這「病毒」來襲的時代，向生物們學習「好好活著」的秘訣，對我們每一個人都格外重要！

——大墩國中生物科兼教育部閱讀推動教師 **童師薇**

● 作者跟大家談生物、談醫療、談演化、也談科學，但不是用厚重嚴肅的教條來鋪陳，而是像一位有趣可親的阿伯，述說他的見聞與想法。過程中除了不時觸及生活經驗，作者還會用調皮又認真的口吻反問自己：「如果不是這樣那會怎樣？如果是那樣又會如何？」讀者們不僅從中獲得知識，也學會了看待問題的角度和剖析問題的方法。

——北一女中生物科教師 **潘彥宏**

● 要把複雜的生物科學知識解釋得完整、正確、清楚又不囉嗦，若非對事物本身有徹底的了解，是辦不到的。作者輕巧地剝去艱澀專有名詞的外殼，露出科學的真貌，讓我不只弄懂過往學習時囫圇吞棗的各種概念，更有暖暖的感動。

——泛科學共同創辦人暨知識長 **鄭國威**

●興味盎然，而且獲益良多，對生物學感興趣的人，一定要先看這一本！

——作家、解剖學者 **養老孟司**

●太有趣了！真希望念高中時就有機會讀到這種書啊！

——科普作家 **竹內薫**

●在充滿變數的時代，向生物學習「好好活著的秘訣」吧！

——跨界趨勢作家 **山口周**

●深入探討、了解人類的必讀之書。

——作家 **佐藤優**

●讀書時都覺得生物課無聊透頂的大人們，以及現在同樣有這種感覺的高中生，讀完這本書之後，一定會體悟到生命之美而深受感動，甚至想要進一步去了解。

——**《朝日新聞書評》**

●什麼是生物？這個問題很難解，但也因為這樣才有趣！讀完本書之前和之後，你看待世界的方法想必也會有所改變。

——**《週刊BCN》**

●滿載多元知識的書當然很棒，但我們也需要像這樣動搖日常觀點，讓人重新思索如何看待事物的書。生物學真的很有趣，這本書令我感受到活著是如此奇妙而美好。

●人類也是生物，想要了解其他生物如何活著，也等於在探究、發現我們自己的存在。從這個角度來考量，生物學也像是引領我們追求生存之道的哲學，我從這本書中得到了這樣的體會。

●有別於傳統的生物學書籍，這本書並未將視角只侷限在地球上的生物，而是放大到從宇宙生命的起源來探究，別開生面地解說生命是怎麼一回事，讀來新鮮又驚喜。我就是作者說的那種年紀雖然不小了，但「自覺心境還很年輕」的讀者，只要跟我一樣對生物、生命、宇宙充滿好奇心和求知欲，都強烈推薦你讀這一本！

●念了文學院後就鮮少接觸生物學，很欣慰能讀到這本絕佳的重修入門書。人類也是生活在地球上的動物，了解生命的起源、關注生態的發展，會深化我們的人性面；偶而換個視角，向生物們學習自然界的生存之道，也讓我的思想更加平衡而柔軟。

前言

讓生物學的趣味，豐富你的視野

更科功

活躍於義大利文藝復興時期的李奧納多・達文西（Leonardo da Vinci, 1452-1519）、米開朗基羅・博納羅蒂（Michelangelo di Lodovico Buonarroti Simoni, 1475-1564），都被世人稱為「萬能的天才」。「萬能的天才」一詞，包含了擁有完美的學識教養，以及盡情發揮己能的喜悅，想必這也是身而為人的一種理想樣貌吧。

文藝復興時期以降，仍出現過好幾個堪稱是「萬能的天才」。只不過，在德國的文豪、同時也是科學家的約翰・沃夫岡・馮・歌德（Johann Wolfgang von Goethe, 1749-1832）之後，就再也沒有這樣的人物了。

若單獨著眼於科學界，也曾出現「萬能的天才」——英國的羅伯特・虎克（Robert Hooke, 1635-1703）。他在物理學領域提出了與彈性相關的虎克定律；他所提出與氣體相關的波以耳定律（Boyle's law）則對化學領域有重要的貢獻；在生物學領域，虎克還發現了細胞（實際上他看見的是死亡植物細胞的細胞壁）；在地球科學領域，他也提倡了演化論。

李奧納多・達文西

米開朗基羅・博納羅蒂

約翰・沃夫岡・馮・歌德

萬能的天才們

只是，現代科學的領域實在太過廣泛，一個人想要樣樣精通，已經是不可能的任務了。不過，領域再怎麼廣泛，科學永遠只有一個。之所以分成物理學、化學、生物學或地球科學等，純粹只是圖個方便，科學本身並不需要這樣的分類。歸類於生物學的現象，其實也包含了物理性或化學性的機制，因此若要加以理解，也必須明白地球科學所研究的知識。就像這樣，每個領域彼此緊密連結、難以分割。換句話說，是我們刻意將原本一體的科學，切分成了數個不同的類別。

將科學加以分類，在實際從事研究或學習時，確實方便許多。在科學已發展成如此龐雜的現代，分類是不可或缺的必要手段，只不過這與科學的本質完全是兩回事。

所以，如今想效法「萬能的天才」通盤研究科學，已經是難以達成的目標，必須仰賴眾多科學家分工合作，才能全面地研究科學。這實在是莫可奈何，我們也因此很難一眼看盡科學的全貌，但儘管如此，以更開闊的視野來認識科學，還是很重要的。

假設你是保險公司的員工，很想賣出保單，而你說服了已經投保其他保險公司的客人，成功地讓他改買自家的保單。你終於賣出了保單，可喜可賀。

不過，從保險業整體的角度來看，又是如何呢？這位顧客不過是換了一家保險公司罷了，保單內容若是相同，對客人來說既無好處，也沒缺點。站在保險業的立場，保單也只是加一與減一，一正一負相加等於零。

況且，要說服客人、幫客人辦理變更保險公司的手續等，都得花時間、下工夫，保單本身沒有增加，還花了時間與工夫，就保險業整體來看，反而應該是損失吧。因此，將其他保險公司的客人拉過來，改買自家公司的保單，其實是一種無益的行為。

所以，這不是一本要「強力推薦生物學」的書。比方說，本書並不是要對一心想鑽研化學的學生說：「不要研究化學啦，生物學比較有趣喔！」希望他改變志向來研究生物學。要研究化學或攻讀生物學，都是個人的自由，沒有我置喙的餘地。

科學就是科學，是一個整體，不論你專攻哪個領域，它的價值都不會改變。不只是科學，研究經濟、文學等科學以外的領域，同樣不會影響其價值所在。也不一定非得研究，無論從事哪種工作，工作的價值還是不會改變，因為職業不分貴賤。也不一定非要工作，光是能好好活著，就已經是非常了不起的事了。

我很喜歡的一套漫畫，劇情中常會出現不良少年（其實就是格鬥場景）。但我不會看了漫畫就心想：「好，我從明天起也來做不良少年！」我人生中的一小段時光，就花在看這套漫畫，而我的生命也因此（多少）變得豐富，即使我沒做不良少年，這套漫畫也還是有一讀的價值啊。

這是一本期望各位會對生物學產生興趣的書，無論是年輕的讀者、或是「自認為還年輕的讀者」，只要仍保有好奇心、想像力，即便是百歲人瑞，我也希望大家能讀一讀。接著我就簡單介紹一下書中的內容吧。

首先，我們要來思考何謂「生物」（第1章、第3～6章），過程中也順便探討了何謂「科學」（第2章）。生物學也屬於科學，確實地理解這樣的概念是很重要的。

然後，我們要來聊聊實際的生物，像是包括我們人類在內的動物，以及各種植物（第7～12章）；接著要論述的是生物的共通性，例如演化或多樣性（第13～15章）；最後是談談我們身邊常見的話題，例如癌症、飲酒會發生什麼後果等（第16～19章）。

此外，參與這場旅程的不會只有你一個人，還有兩個插畫人物也會加入。這對男女有時一本正經、有時拌嘴搞笑，有了他們的陪伴，相信大家都能樂在其中，愉快地讀到最後。

我不求人生轟轟烈烈，但求過得快樂自在（話說我的人生也還沒結束），而我獲得的樂趣，有一部分就是拜生物學所賜。如果你會覺得生物學滿有趣的，這本書也算發揮了用處。無論你的生活與生物學息息相關也好、毫無瓜葛也罷，只要能領略生物學的趣味，相信你的人生也會更充實、豐富一些。而讀完這本書之後，你會從此愛上生物學，或是想當個不良少年，當然也是各位的自由了。

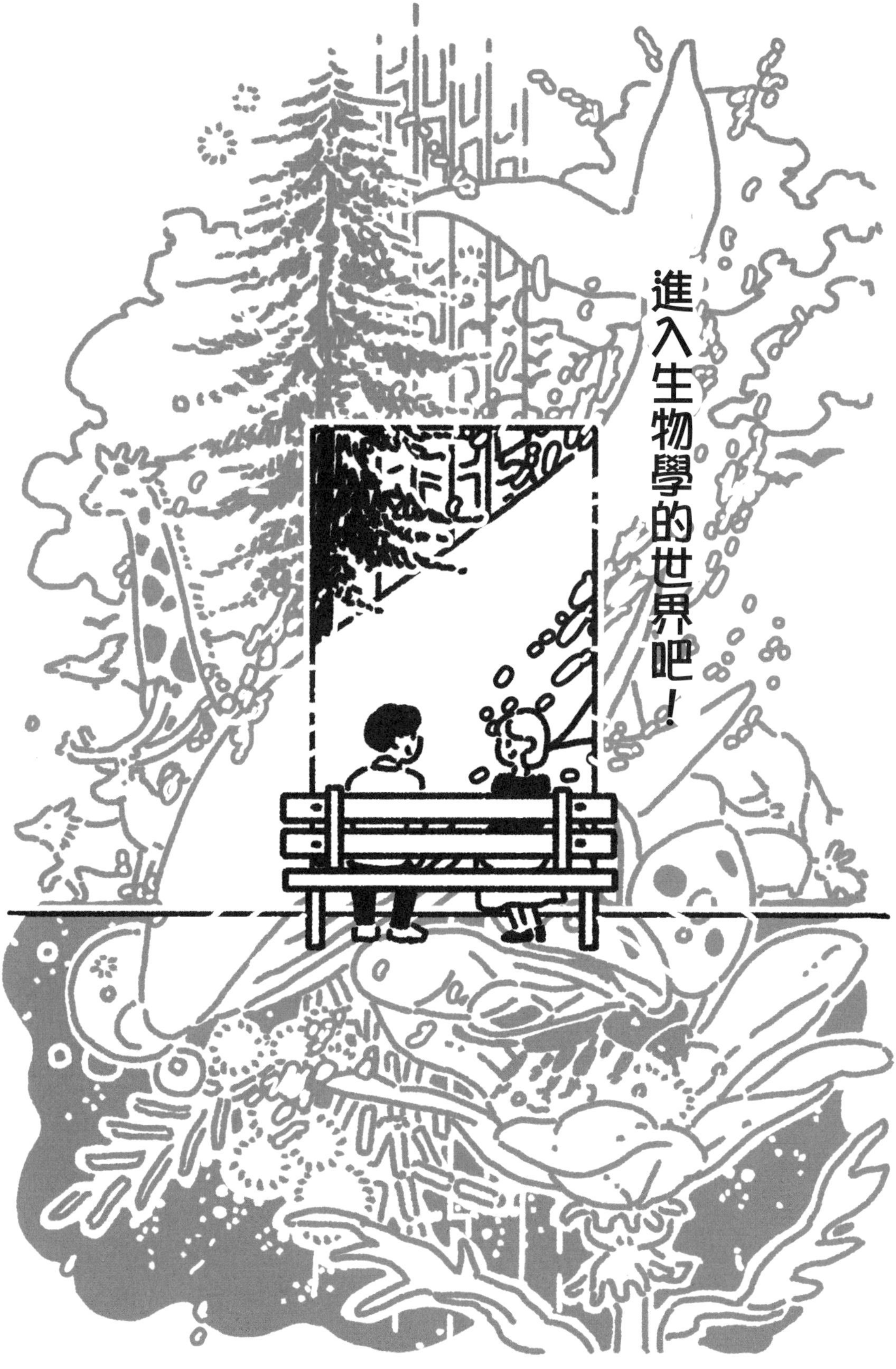
進入生物學的世界吧！

contents

第4章 生物是「流動」的

第5章 生物「奇點」出現了

contents

contents

第1章

達文西所認識的地球

自古以來，有不少人認為地球也是生物，
達文西創作《蒙娜麗莎》的理由之一，
正是要展示地球和人類其實非常相似。
那麼，地球究竟是哪裡太像生物了呢？

——創作《蒙娜麗莎》是為了……——

地球是有生物居住的星球，但地球本身不是生物。不過，自古以來有不少人都認為地球也是生物，因為地球實在是太像生物了。那麼，地球究竟是哪裡和生物相似呢？

五百年前居住在義大利的達文西，也是「地球為生物（或是極其類似生物）」論點的支持者之一。他在觀察與實驗等科學方法的實踐上，堪稱為時代先驅，他所留下的幾項成果，在五百年後的今日也依然適用（其中之一稍後將會介紹）。

可惜的是，達文西在科學上取得的成果，對人類的科學發展卻毫無影響。

達文西的研究成果都留存在他所寫的好幾千張筆記上（稱為「達文西手稿」），而這些手稿一直都被秘密收藏未曾公開，直到十九世紀才開始少量、逐步地出版。起初出版的都是些斷簡殘篇，所以內容並未迅速流傳開來、廣為人知。

在此同時，人類的科學則和達文西的手稿有如零交集的平行線般，一路逕自發展，後來甚至超越了達文西。

由此看來，達文西是個運氣不太好的科學家。然而，他身為畫家的成就卻獲得了至高無上的評價，其中尤以《蒙娜麗莎》可說是西洋繪畫史上的不凡傑作。而達文西創作《蒙娜麗莎》的理由之一，是為了向世人展示——地球與人類其實非常相似。

在《蒙娜麗莎》中，同時出現了女性及地球（的一部分）——舉例來說，女性捲曲的長髮後方，就畫有蜿蜒的河流。達文西曾在手稿中寫下，自己是刻意讓這兩者以對比的方式呈現，人類與地球這兩種生物，就這樣同時被收入一幅畫作之中。

——地球也有血管和骨骼？——

達文西認為地球是生物（或是極其類似生物）。他之所以這樣說，並非個性古怪，而是當時的社會相當盛行「地球為生物」的概念，達文西或許也被這股思潮感染了。

不過，達文西並非隨波逐流之輩，就算地球是生物，只憑道聽塗說是無法說服他的，他一定要自己找出證據。於是，達文西便開始尋找起「地球是生物」的證據。

我們先來看看身邊最容易接觸到的生物——人類。人類的頭部一受傷便會流血，想想這還真是不可思議。因為血液是液體，既然是液體，就應該是由上往下流才對呀？照理來說，血液應該會全都往下流到腳部；而頭部流血，表示血液是由下往上升，在人體內不斷循環。達文西認為人類要活著，體內的血液循環，尤其是由下往上升的機制，相形之下非常重要，所以地球若是生物，想必也會出現相同的情況。

地球上的水，就如同人類的血液。或許在地球的內部，亦即地底下，也有類似血管的構

【圖 1-1 達文西創作的《蒙娜麗莎》】
（彩圖與畫作解析請參照以下網址和 QR Code）
focus.louvre.fr/en/mona-lisa

造，水就在其中流通。舉例來說，山的內部有血管，水從血管往上升到山頂後噴了出來，變成河川，然後再沿著山的表面往下流去——這是達文西的推斷（除此之外，他還想過河川的水源也可能是雲中降下的雪所形成的）。

達文西的目標有兩個：一是找到證據，另一是思考出運作的機制（結構）。可惜的是，達文西終究沒有實現這兩項期望。他既沒有在地底下發現血管，也沒有想出讓水上升至山頂後噴出的運作機制。

但是，達文西並沒有放棄。既然地球上的水如同人類的血液，那麼類似人類骨骼的就是岩石吧？於是達文西又開始思考起岩石來了。

當時的人們相信，人類與地球同樣要仰賴四種元素而生存，從重到輕依序是岩石（或是岩石粉碎而成的土）、水、空氣和火。這四大元素不斷循環，人類才得以生存，既然地球為生物，想必也是如此，特別是比水還重的岩石若會上升，這更是確切的證據。假如連岩石都能上升，那麼比岩石更輕的水會往上升，也就不足為奇了。

或許是因為這麼想，達文西才開始尋找岩石會上升的證據和運作機制，而有別於上次探索水流的結果，這次的研究十分順利。

真是諾亞大洪水造成的嗎？

當時的人們已經知道，即便是住在大海裡的貝殼，它的化石也可能出現在好幾千公尺的高山上。對於這種現象，最強而有力的解釋就是諾亞大洪水。

諾亞大洪水持續了四十天，地面上的所有生物全數被消滅殆盡。既然是鋪天蓋地的大洪水，貝殼被激烈的水流推到山上去，也並非不可思議。

然而，達文西提出好幾項證據，推翻了諾亞大洪水的論點，其中最引人注目的證據就是雙殼貝。

什麼是諾亞大洪水？

神被人類激怒了，於是降下大雨，造成洪水。這個典故是出自舊約聖經。

雙殼貝有兩片貝殼，貝殼之間有韌帶相繫。貝殼的成分是碳酸鈣，結構非常堅硬，但是韌帶屬於有機物，結構相對脆弱。

雙殼貝死亡之後，兩片貝殼遲早會鬆開，再加上水流的沖刷，鐵定會分崩離析。因此若是化石，不太可能找到兩片貝殼還銜接在一起的雙殼貝。

然而，要是有雙殼貝的化石被發現兩片貝殼還左右成對銜接著，又該怎麼解釋呢？這說明了這個化石是在雙殼貝還活著的時候，就被埋在當時生存的環境裡。

若是化石周圍的地層被判定為古老的區域，代表這就是雙殼貝當時生存的環境。知道了當時的生存環境，便能了解雙殼貝的生存方法，這在生物學上是重要的課題。

貝殼相連的雙殼貝化石，是在當時的生存環境下變成了化石。即使到了現代，這仍是化石研究所採行的理論。而遠在五百年前，達文西就已經推斷出這個邏輯，並用以做為推翻諾亞大洪水的證據之一。

諾亞大洪水算是史上罕見，雙殼貝在如此激烈的大水中翻滾折騰，照理說兩片貝殼不可能還銜接在一起，但在山上找到的部分雙殼貝化石，確實是相連著。所以，這些化石不是被洪水推到山上去的，找到化石的地點，正是雙殼貝當時的生存環境。也就是說，海變成了山。

海底隆起變成了山——這是達文西的結論。岩石的確上升了。

達文西的目標有兩個：一是找到證據，另一是思考出運作的機制。在水的部分，這兩個目標都未能達成；至於岩石的部分，倒是已經實現了一個目標——找到岩石上升的證據。

地面隆起，變成了山脈

那麼，達文西是否順利達成第二個目標，找出了岩石上升的運作機制呢？

老實說，研究者對此各有不同見解，不過我們在這裡所採用的，是美國古生物學者、演化學者史蒂芬·古爾德（Stephen Jay Gould, 1941-2002）的論點。古爾德認為達文西的確想出了岩石上升的運作機制，內容如下：

地球的內部由岩石構成，水則在岩石之間的隙縫流竄。這些水會漸漸地磨損岩石，地球內部於是形成了空洞，而且這些空洞也逐步擴大。

假設在北半球出現了巨大的空洞，結果空洞的頂層崩落，岩石從北慢慢地往南移動。如此一來，北半球的重量稍微變輕了，為了取得平衡，地球北邊的地面就隆起形成山脈。

這和體重相異的兩個人玩蹺蹺板時，為了取得平衡，體重較重的人要靠近中心支點坐，體重輕的人則要離遠一點，是同樣的原理（達文西也思考過，地球為了維持重量的均衡，土會隨著河川移動，只是古爾德並未論及這一點）。

史蒂芬·古爾德

這就是達文西思考出來的運作機制。不過仔細想想，他只解釋了地面必須隆起的理由，卻沒有具體說明地面隆起的演變方式。畢竟是在五百年前，或許這已經是當時人們思考的極限了吧。

不過，對於「地球是生物」這一點，早在五百年前就能透過觀察、思考及實驗來加以驗證，達文西真不愧是超越時代的偉大人物。

為什麼地球會被視為生物？

追根究柢，達文西為什麼會認為地球是生物（或是極其類似生物）呢？在探討地球上的水、岩石之前，為什麼他會預先假設地球是生物？

達文西認為，生物（具體來說是人類）與地球十分相似。先前也曾提過，生物的血液、骨骼就如同地球的水與岩石。除此之外，生物的肺會因為呼吸而膨脹、收縮，地球上的海洋也會因呼吸而膨脹、收縮——亦即海洋的滿潮與退潮。生物的肉體中長有骨骼，地球的土地裡也有山脈。

生物有而地球沒有的，就是神經。神經是為了運動而存在，地球不需要運動，因此也不需要神經。但除此之外，地球與生物真的極其類似，這就是達文西對於地球的想法與印象。

達文西指出，地球與人類唯一的相異之處是神經的有無，但他認為這不是重點。的確，生物之中的植物也沒有神經，因此沒有神經的地球即便不像人類，還是與生物十分相似。或許是如此，達文西才會認為有沒有神經並不重要吧。

不過，地球還是有其他與生物相異的地方。比方說，地球不會繁衍子孫。在現代，有不少生物學者將繁衍子孫視為生物的重要特徵，因此會認為無法繁衍後代的地球不是生物。

但是五百年前的達文西，則不認為繁衍子孫是生物的重要特徵。換言之，關於「何謂生物」，其實是眾說紛紜。

想不到要定義生物竟是如此困難，但這樣就無法討論下去了啊。所以下一章，不，是下下一章，我們就一起來思考看看什麼是「生物」吧。

沒錯，關於生物學的話題，會從下下一章開始。至於下一章，我想簡單聊一下科學，因為這對生物學來說，也是非常重要的觀念。

以現代的知識
要推翻達文西的理論
當然很簡單……
只是沒想到，
早在五百年前，
他就能想到這麼多呢。

第2章

烏賊有十隻腳？

科學不會取得百分之百正確的結果，
而是像大河般左右蜿蜒地流動，
朝著世界的真理（在假設有的前提下）緩緩靠近，
但絕不會到達真理——這就是所謂的科學。

——科學就像一條大河——

所謂生物學，是以「科學的方式」調查與生物相關的一切事物。雖然這裡使用「科學的」這個說法，其中也帶有「客觀且不可動搖」或是「答案只有一個」的意味。

然而，科學不會取得百分之百正確的結果，而是像大河般左右蜿蜒地流動，朝著世界的真理（在假設有的前提之下）緩緩靠近，但絕不會到達真理。這就是所謂的科學。

既然無法到達真理，科學還有什麼意義呢？

嗯，也許有人會這麼認為，但是我並不這麼想。

舉例來說吧，開車上班的途中，你遇到了紅燈，於是停下車子。等了一會兒，燈號變綠，你看了一下左右方確認，再繼續開車前進。問題來了，你為何要這麼做呢？因為遵守交通號誌，並不能保證百分之百安全啊？既然再怎麼周到地遵守交通規則，也不能保證百分之百安全，那還有遵守的必要嗎？

不過，我猜你開車時從來不會無視交通號誌吧？遵守交通規則，的確不見得百分之百安全，但還是能確保相當程度的安全。這個世界不是只有零與一百，中間仍存在著許多數值。

遵守交通規則若有意義，科學當然也有意義。雖然科學的結果難以完美無缺，卻能建立一定的正確度。只要回首歷史即可明白，科學就是這樣一步一腳印地，朝著成功邁進。

那麼，科學為何無法取得百分之百正確的結果呢？莫非科學也有什麼缺陷？生物學也是科學的一環，首先我們就從這方面來思考看看吧。

百分之百正確的演繹

科學中最重要的是「進行推理」。所謂的推理，就如同以下的範例，是包含了前提與結論的命題（附帶一提，在生物學中，烏賊的腳通常稱為「腕」，在本書中則稱為「腳」）。

【前提】烏賊有十隻腳。

【前提】花枝是烏賊的一種。

【結論】因此，花枝有十隻腳。

上述的推理又包含了「演繹」和「推測」兩種方法，演繹可以得到百分之百正確的結論，推測則無法取得。推測對於科學研究十分重要，但我們還是先來看看演繹吧。

前文中的三個命題所構成的推理，稱為「演繹」。當兩個前提都成立時，必然會導出結論，因此這個演繹的結果百分之百為真。藉由這樣的演繹推理，即便是科學，看來應該也能取得百分之百正確的結果，可惜事情並不是那麼簡單。

原因就在於，科學是一項獲取新資訊的行為，而演繹無法取得新資訊。演繹之後，並不

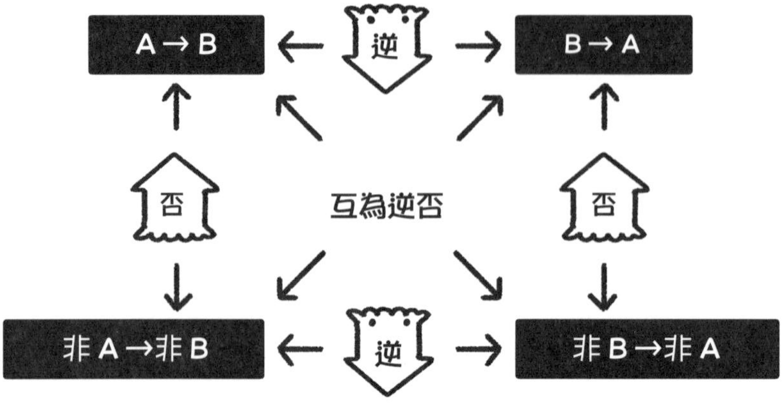

【圖 2-1 若A則B（A→B）命題的「逆・否・互為逆否」】

會增加新的資訊，所謂「只要前提成立，必然會導出結論」，當中也有「結論（資訊）已經包含在前提（資訊）中」的情況。因此，即使反覆演繹，也難以擴充新的知識。

在繼續討論科學之前，我先簡單說明一下「逆・否・互為逆否」。例如前文提到的演繹，最初的命題是「烏賊有十隻腳」。

這個命題的逆為「有十隻腳的是烏賊」。但蝦也有十隻腳，因此這個命題並不成立。

這個命題的否為「若非烏賊，則非十隻腳」。但這也同樣不成立，因為蝦有十隻腳。

這個命題的互為逆否為「非十隻腳，則非烏賊」。這個命題是成立的。

我將這裡的「逆・否・互為逆否」整理成【圖2―1】。即便原始的命題成立，逆與否也不一定成立，互為逆否則一定成立。

不會完全正確的科學

只要演繹中的前提成立，結論也會百分之百成立，只不過結論是包含於前提中，所以即便反覆演繹，也不會增加新的知識。

另一方面，經由推測得到的結論，就不見得百分之百成立。但由於結論並未包含於前提中，所以進行推測時，將可擴充新的知識。

舉例來說，根據（穿有衣服者）「掉進池子裡」的前提，導出「衣服濕了」的結論，這樣的推理屬於演繹。既然是掉進池子裡，衣服一定會弄濕，換言之，在知道「掉進池子裡」的當下，也會同時知道「衣服濕了」。不過，特意透過演繹以獲得「衣服濕了」的結論，旁人也只會說：「掉進池子裡，衣服當然會濕掉，這種事誰都懂啊！」所以，進行演繹並無法拓展新發現。

至於從「衣服濕了」的前提得出「掉進池子裡」的結論，這種推理則是推測。衣服濕了，但不一定是掉進池子裡造成的，有可能是下雨了，也有可能是被水管的水噴到弄濕的。所以經由推測得出「掉進池子裡」的結論後，旁人可能會說：「咦？是喔？我完全不知道。」也就是透過推測，能夠獲取更多的知識。

在科學研究中，一定會以某種形式進行這樣的推測。常見的案例是：根據推測來建立假

【圖 2-2 花枝】

說，再藉由觀察、實驗加以驗證。觀察、實驗後的結果若能支持這項假說，這就是一個「趨向正確」的假說；觀察、實驗後的結果若無法支持這項假說，則是「趨向不正確」的假說。一個假說若經得起多次觀察與實驗，就是非常趨向正確的假說，可以被稱為「理論」或「定律」。只是，再怎麼趨向正確的理論或定律，也不會是百分之百正確。這是為什麼呢？

科學研究的方法相當多元，但大多會經歷以下兩個階段：

（一）形成假說

（二）驗證假說

首先我們就以花枝這種烏賊為例，來說明（一）的「形成假說」吧【圖2-2】。

花枝是烏賊的一種，體內的硬殼有一點類似龜殼。除了脊椎動物之外，花枝也極有可能是高智商的動物。

我們設定（默認）你知道「烏賊住在海裡，有十隻腳」，也觀察到「花枝是住在海裡」。於是，你以「花枝住在海裡」為證據，建立了「花枝為烏賊」的假說。

證據	（花枝住在海裡）
形成假說↓	
假說	（花枝是烏賊）

只要提出的假說能對證據提供確切的說明，這項假說就能成立。而「花枝是烏賊」這個假說（在默認烏賊是住在海裡的前提下），確實可以說明「花枝住在海裡」這個證據。

在這裡使用的是「說明」這個詞彙，而「說明」到底是什麼呢？

「花枝是烏賊」這個假說，之所以能說明「花枝住在海裡」這個證據，是因為「花枝是烏賊」若為真，那麼「花枝住在海裡」也百分之百為真。換言之，「說明」便是「演繹」的意思。

證據（花枝住在海裡）

形成假說←→說明（＝演繹）

假說（花枝是烏賊）

至此（一）「形成假說」的步驟結束，接著要解說的是（二）「驗證假說」的步驟。

要驗證假說，就得從假說中預測出有別於現存證據的新發現，並且確認這項新發現是否為真。當然，這項新發現必須能以假說確實說明，也就是要從假說演繹而來。

舉例來說（在默認烏賊有十隻腳的前提下），從「花枝是烏賊」的假說中，可以預測出「花枝有十隻腳」這個新發現。

證據（花枝住在海裡）

形成假說←→說明（＝演繹）

假說（花枝是烏賊）

←預測（＝演繹）

新發現（花枝有十隻腳）

預測出新發現之後，接下來就得證實這個新發現是否為真，而我們可以經由觀察或實驗來確認。

在你實際觀察過花枝後，確認「花枝有十隻腳」為真。也就是說，這個新發現已經確認是事實，假說也就通過了驗證，成為一個「趨向正確」的假說。

萬一新發現並非為真，假說就是被反證了，成為「趨向不正確」的假說。需要注意的一點是，假說即使獲得實證，也不代表百分之百正確，遭到反證也不見得百分之百錯誤。驗證的結果只是判定這是「趨向正確」的假說，或是「趨向不正確」的假說，如此而已。

證　據（花枝住在海裡）

形成假說←→說明（＝演繹）

假　說（花枝是烏賊）

驗證→←預測（＝演繹）

新發現（花枝有十隻腳）

之所以要說明科學的典型研究步驟，是為了解釋科學無法達到百分之百正確的理由。關於這個理由，大家可以看看右邊的這個圖表，動動腦筋思考一下。

科學的正確與否，端看假說是否為真。看看前頁圖中指向假說的箭頭，是來自「形成假說」與「驗證」。因此能夠支持假說、證實假說為真者，正是「形成假說」與「驗證」。形成假說也好、驗證也罷，其論理方向都和演繹背道而馳，也就是演繹之「逆」。而就像先前提過的——即便某個命題為真，其逆也未必為真。

研究科學時，必須藉由假說進行說明或預測的演繹，於是確保假說為真的「形成假說」與「驗證」，無論如何都會成為演繹之逆，這也是我們無法保證假說百分之百為真的原因。為了得到新發現，我們必須鍥而不捨地探究百分之百的正確性，這是無可避免的事，但我們也得以拓展更多新知。即便無法到達真理，至少我們可以一點一點地朝著真理靠近，這就是科學。而我們接下來要談的生物學，就是這科學的一部分，希望大家要時時保有這樣的認知。

1 審註：本章所指的烏賊並非是烏賊目（Sepida），而是十腕總目（Decapodiformes），這個分類群在台灣常以「烏賊」來統稱。

一隻、兩隻……
真的有十隻腳嗎？
有喔。

第3章

包覆著生物的「膜」

生物的所有細胞都被包覆在細胞膜內。
細胞膜使生物易起化學反應、又可屏障外界，
膜上還有各式各樣的門，讓細胞獲得存活的資源。
但幾十億年來，細胞膜卻幾乎從未演化……？

──生物要符合哪三個條件？──

在我的童年時期，就只有轉盤式的固定電話。這是一種必須待在電話機前，將手指插入小孔內推動轉盤撥號的電話，機座上有一條稱為電話迴路的電話線，所以無法帶著走。當時若有人問：「什麼是電話？」幼年的我會怎麼回答呢？我想或許是：「一種可以和遠方的人說話、無法帶著走的機器」吧？

然而，假使問現在的孩子：「什麼是電話？」應該沒有人會這樣回答。因為如今幾乎都是使用行動電話，不能帶著走的電話相對比較少。

只知道固定電話，以及除了固定電話外也知道行動電話或智慧型手機的人，對於「什麼是電話？」的回答，想必會有所不同。隨著知識的拓展，電話的定義也隨之改變。

什麼是生物？這個問題很難回答，因為現在的我們只認識地球的生物。

或許將來我們會發現存在於地球以外的生命，並因而拓展新知，屆時我們對於「何謂生物」這個問題，應該也會有不一樣的答案。

目前我們就暫且一邊期待，同時根據現有的知識來思考「何謂生物」吧。重要的是請牢記在心──我們的知識還不是十分完善。

根據現有的知識，什麼可以被稱為生物呢？

對於生物的定義，絕大多數的生物學者認為必須滿足以下三個條件：

（一）**有膜與外界區隔**。

（二）**進行代謝（物質或能量流動）**。

（三）**複製自己**。

定義意外地簡單，沒想到符合這些條件就能被定義為生物，真是不可思議。不過，目前能夠同時滿足這三項條件的，也只有生物了。

──該用哪一種膜來區隔才好？──

定義生物的三個條件之（一），是有膜與外界區隔。

所有的生物都是由細胞構成，而所有的細胞都被包覆於細胞膜內。因此（一）之中的「膜」，具體上可以說就是細胞膜。

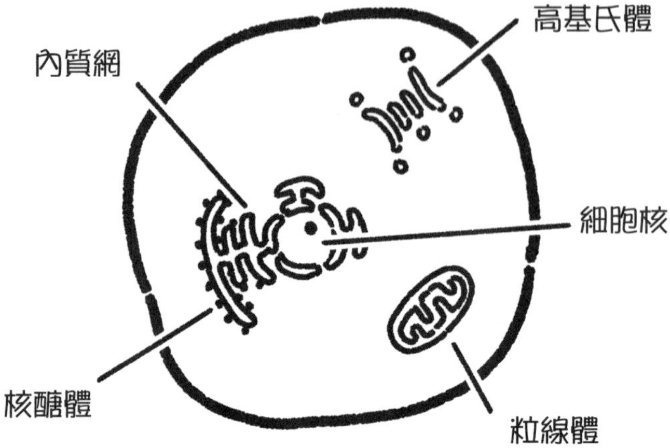

【圖 3-1 我們的細胞中含有生物膜】

我們的細胞中除了細胞膜，還有包覆細胞核的核膜、高基氏體、粒線體等各種膜。內質網則與核膜相連，有一部分附著了核醣體。這些膜的結構基本上都是相同的，包括細胞膜在內，全都稱為生物膜【圖3－1】。

為什麼生物必須有膜與外界區隔呢？

（二）代謝和（三）複製，都需要各種化學反應，而藉由膜隔絕外界，可以提高細胞內部反應物質的濃度，讓化學反應更有效率地運作。因此，要進行代謝或複製，以膜與外界隔絕的細胞內部，正是最理想的環境。

那麼實際上，細胞是以什麼樣的膜來區隔外界呢？

一般都認為生物的起源來自水中，理由有好幾個，其一是水容易引發化學反應。舉例來說，魷魚曬乾成魷魚絲，就不容易腐壞，這是

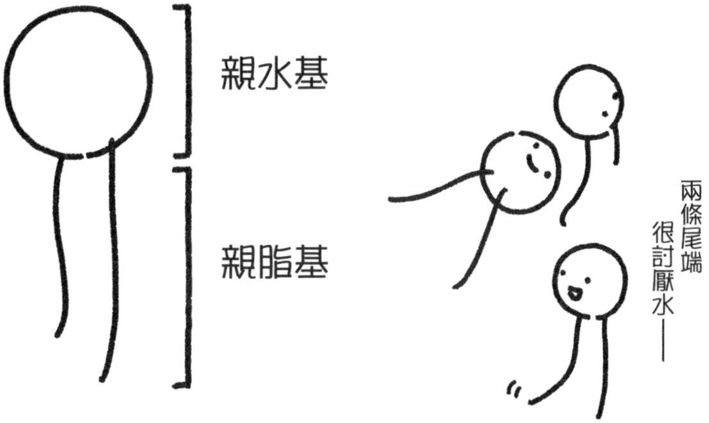

【圖 3-2 磷脂】

因為水分變少，導致腐壞的化學反應相對會變得遲鈍。體內含有大量水分、容易產生化學反應的生物，因而被認為來自於水中。

要在水中進行區隔，就得用不溶於水的成分製造屏障，而能夠不溶於水的就是脂肪（一般來說，液體稱為油，固體稱為脂肪）。問題是抗水的脂肪會將生物推至水面，生物卻想待在容易起化學反應的水中，這該怎麼辦呢？

以具有疏水性（與水相互排斥）的脂肪做成屏障，兩側再包裹親水性（容易與水結合）的物質，應該就沒問題了吧？這麼一來，疏水性的部分可達到區隔的效果，屏障的表面因為具有親水性，也能穩定地待在水中。

符合這些要求的物質就是兩親分子。兩親分子是兼具親水性（親水基）和疏水性（親脂基）的分子，而實際上用以製造生物膜的兩親

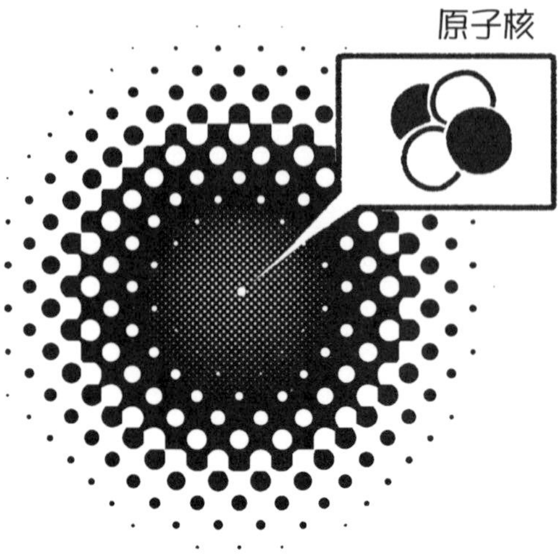

【圖 3-3 原子的構造】

分子為磷脂，外形類似有兩隻觸腳的章魚【圖3-2】，頭部是親水基，長長的尾巴則為親脂基（基是由幾個原子結合而成，為分子的一部分）。

這個世界的物質都是由小小的原子構成。原子具有帶正電的原子核和帶負電的電子；原子核為原子的中心，聚集了帶正電的質子和不帶電的中子。電子（相較於成形的粒子）則像是圍繞在原子核周遭，疏密不一的雲團【圖3-3】，因此也稱為電子雲。

分子是由數個原子結合而成，因此不妨以相同的概念來想像：

有數個原子核被包圍在電子雲中，而這個電子雲總是處於飄搖不定的狀態。

在這眾多的原子或分子中，原子核的正電荷（物體的帶電量）與電子的負電荷相等，彼

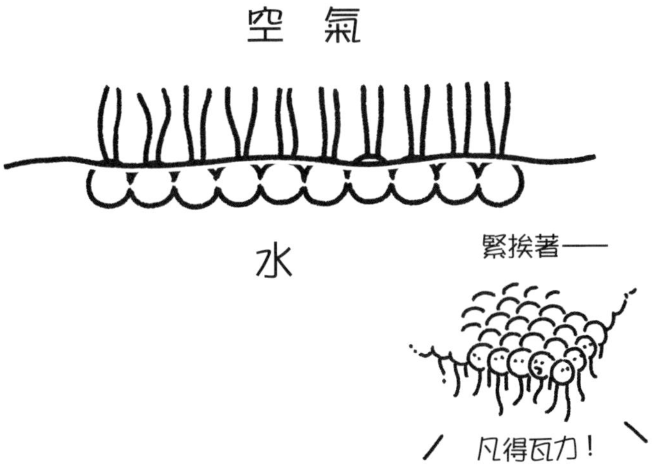

【圖 3-4 聚集在水中的磷脂】

此正負相抵，最後都變成中性（電荷為零）。

不過，即便是電荷不偏不倚的中性原子或分子，也可能在某個瞬間，當正電與負電互相吸引時，原子之間或分子之間因交互作用產生一種電性引力，稱為「凡得瓦力」（Van der Waals force）。

當水中出現許多磷脂時，會吸引更多的磷脂聚集，這時的磷脂就是因為凡得瓦力的作用而彼此靠近。

聚集在水中的磷脂會呈現各種形態，有時是頭潛入水中、尾端從水面上伸【圖3－4】；有時則在水中呈現頭朝外、尾端朝內的球形，稱之為微胞（micelle）【圖3－5】。總之，與水接觸的只有親水基部分，親脂基部分則靠攏在一起，不會碰觸水。

微胞呈現球形時，磷脂會將內部與外部完

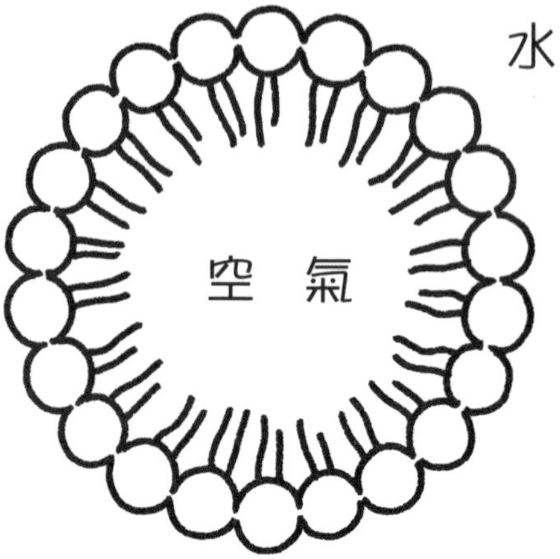

【圖 3-5 微胞】

全隔絕。不過，微胞無法製造細胞，因為細胞若要在內部進行化學反應，就必須有水，而微胞內側為親脂基，水無法注入其中，進入微胞內的會是空氣。

那內部必須有水的話，該怎麼做呢？其實只要將磷脂製造成雙層磷脂膜就行了。讓兩個尾端彼此相對，形成雙層磷脂膜，這樣球形的外側與內側就會都是親水基。這種構造稱為囊泡（vesicle）【圖3－6】，可以說是中空的細胞（但裡面會有水分）。

這種屬於兩親分子的囊泡，可以透過實驗輕易地製造出來。

我們身邊最常見的囊泡就是肥皂泡，換句話說，肥皂泡是由兩親分子的雙層膜所構成。不過，細胞是水中的囊泡，肥皂泡則是空氣中的囊泡。

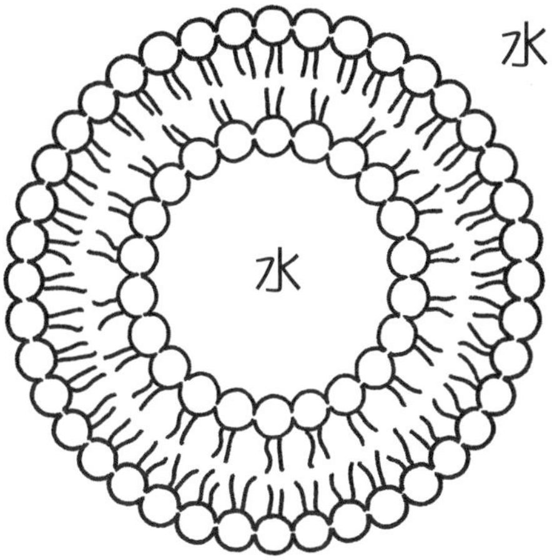

【圖 3-6 囊泡】

肥皂泡的兩親分子，是頭與頭相對所構成的雙層膜，內外兩側都是親脂基，亦即肥皂泡的內外兩側都是空氣。這種囊泡稱為逆囊泡，不過細胞與肥皂泡的膜，在性質上是相同的。

一般的肥皂泡很容易破，若是在肥皂水裡混入膠水，肥皂泡就不易破裂了，甚至用手指頭戳也不會破。當我們用手指頭戳肥皂泡時，泡泡會沿著指頭往側邊滑動，而實際的細胞膜上面則嵌著許多蛋白質，可以在細胞膜上水平移動，讓手指頭隨著肥皂泡滑動，就能體會那種感覺。這是因為兩親分子讓蛋白質可以在膜上自由移動的緣故。

此外，肥皂泡十分柔軟，一個破了，有時會再變成兩個，就跟細胞分裂沒兩樣。這樣的特技，就算是氣球也做不到呢。

細胞膜上也有各種門

細胞是活的，要存活就必須讓內部環境保持穩定，不然只要外界稍有變化，細胞內部也跟著改變，很難活得長久。

打個比方來說，細胞就像一個家，屋裡冬天時要點燃爐火，夏天時就得開冷氣，家中的溫度總是相對穩定，不像外界起伏較大。無論下雨或降雪，總有屋頂和牆壁為我們擋風遮雨，家中始終是風和日麗。所以屋頂、牆壁或是細胞膜，都必須完全封閉、阻隔外界。

不過，細胞要活下去，也得攝取養分、排出廢物。家不也是如此？必須補給食物、清理垃圾，才能好好生活。因此家中除了屋頂和牆壁，還會有門，這扇門平常都是關著，有需要時就打開，以便進出。家也好、細胞也罷，對於外界既不能完全封閉，也不能一直敞開。

細胞膜是由兩層磷脂構成的膜（雙層磷脂膜），上面嵌著許多蛋白質（實際上，蛋白質並非直接嵌在膜上，而是磷脂像一層軟墊包圍著蛋白質）。這些蛋白質其實就是門，緊靠在雙層磷脂膜這座外牆上。

雖說是牆壁，但也不是任何東西都無法通過細胞膜，有些可以，有些則做不到。細胞膜的表面雖包覆著親水基，但絕大部分是由親脂基構成，因此疏水性的物質可以輕易通過，親水性的物質則不易穿越。

此外，通過細胞膜的難易程度，也要看是否帶有電荷。一般來說，原子中帶正電的質子與帶負電的電子數量相同，正負電相互抵銷，因此原子是不帶電荷的。不過，電子的數量有時稍增、有時稍減，原子就會變成帶正電或負電，這種帶電荷的原子稱為離子。

離子易溶於水，所以幾乎無法通過細胞膜。然而，離子對細胞的存活有著重要作用，因此細胞要與外界進行離子的往來運輸時，門就派上用場了。

這種門的作用，是由嵌在細胞膜上的蛋白質負責執行，稱為膜蛋白。膜蛋白有著不同種類，其中之一是「幫浦」（pump）。所有的生物都是以三磷酸腺苷（ATP）這個分子做為能量來源，而幫浦會與ATP結合獲得能量，然後再消耗這項能量，強制性地輸送離子（稱為主動運輸）。

比方說，鈉鉀幫浦（又稱鈉鉀—ATPase）這種膜蛋白會消耗一分子ATP的能量，將三分子的鈉離子送出細胞外，將二分子的鉀離子送入細胞內【圖3－7】。

還有一種稱為「通道蛋白」的膜蛋白，不會與ATP結合，因此不會消耗能量。當它關起來時，離子無法通過；一旦開啟，就成了離子通道。離子本身可以往任何方向移動，但實際上的流向往往是根據通道外側的環境而定。

換句話說，離子會從濃度高的地方往低處流動（稱為被動運輸）。可使鈉離子通行的鈉離子通道，或是讓鉀離子通行的鉀離子通道等，就屬於這一類。

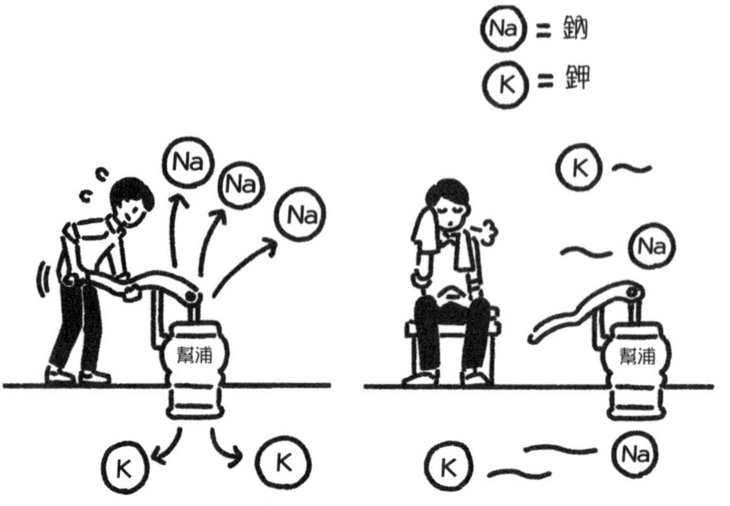

鈉幫浦有時動，有時不動。

【圖 3-7　膜蛋白的運作方式】

此外，也有一種傳輸訊息而非物質的膜蛋白稱為「受體」（或「接受蛋白」）。接受蛋白露出於細胞外的部分會與物質結合，與之結合的物質則稱為「配體」。結合了配體的受體產生結構變化，而其位於細胞內的部分也跟著改變，這項變化會形成信號，向細胞內傳遞資訊。

舉例來說，當EGFR（表皮生長因子受體）這個受體在其露出於細胞外的部分，和EGF（表皮生長因子）蛋白質這個配體結合，EGFR另一端位於細胞內的部分，就會被附加磷酸基（H_2PO_4-）而磷酸化，形成最初的信號，依序往細胞內傳遞，最後抵達細胞核，開始進行細胞分裂。

幾十億年來，細胞膜從未演化

如同先前所說的，細胞膜是讓容易起化學反應的生物，能夠待在水中又可屏障外界的一種膜，膜上有各式各樣的門，能讓細胞獲得存活的資源。光是憑藉這樣的便利性，便足以說明生物為何會以細胞膜做為隔絕的屏障，但可不只是如此。

關於細胞膜，還有一件不可思議的事，那就是幾十億年來，它幾乎從未演化。而證據就是——地球上所有生物的細胞膜，都是由雙層磷脂膜構成。

換句話說，打從現代所有生物的共同祖先生存的遠古時代開始，生物的基本構造至今都沒有改變，只能說雙層磷脂膜的設計，實在是恰到好處。

不過，也有一些細胞膜並非由雙層磷脂膜構成。例如植物細胞，就會以糖脂取代磷脂（糖脂顧名思義就是含有糖分的脂質）。確切的理由仍不清楚，但也有人認為，植物或許是在不易取得磷的環境中，以使用糖脂來降低對磷的需求。

此外，有一部分類似古菌（請見92頁）的生物，細胞膜的結構為四醚脂質，這是一種兩個磷脂的尾端彼此相連的構造，因此只有這個部分是單層脂膜【圖3－8】。

這種單層脂膜能適應海底熱水噴出孔形成的高溫環境。在高溫下，磷脂的熱運動加劇，促使磷脂與磷脂結合的凡得瓦力也跟著提升。雙層磷脂因為如此強烈的作用而相互結合、彼

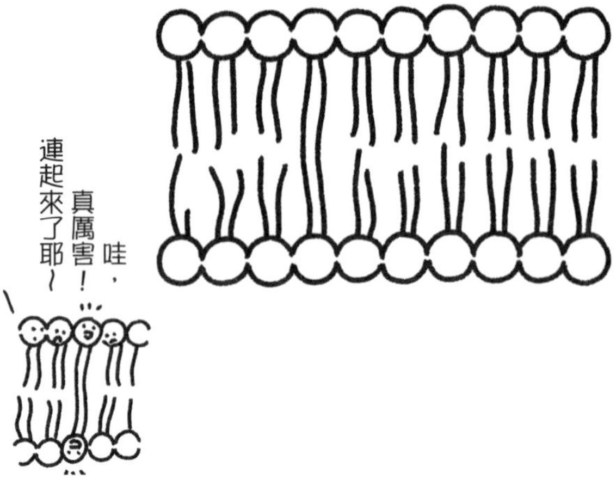

【圖 3-8 單層脂膜】

此銜接起來，於是變成了單層脂膜。

不過，即使未處於高溫的環境，有些古菌同樣具有單層脂膜的結構，確實原因則不明。然而，就算是含有這種單層脂膜的細胞膜，絕大部分也還是一般的雙層磷脂膜，只是在其雙層結構中有一小部分為單層脂膜。因此，細胞膜原則上仍保持著雙層磷脂膜的整體結構，未曾改變。

就像這樣，所有生物的細胞膜幾乎都是由磷脂構成。居住在不同地方的生物，其細胞膜大可自行演化以適應所處的環境，生物卻堅持要以雙層磷脂膜構成細胞膜，這或許是因為，既要與外界區隔、又要方便開關讓物質進出，雙層磷脂膜是最恰當的選擇。雙層磷脂膜可真是維繫生命的必要基石啊。

我從沒想過要符合哪些條件，
才能稱為生物呢。

膜、代謝、複製……
好難想像啊……

第 4 章

生物是「流動」的

生物體中除了有能量流動，也有物質的流動，
我們身體的絕大部分都是一直在汰換、更新。
換言之，十年前的你已不復存在，
現在的你可以說是由新的材料打造而成……

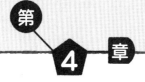

──我們與汽車哪裡相似？──

人類只要運動，肚子就會餓，因此我們必須攝取食物，來補充因為運動消耗掉的能量。汽車也是一樣，只要發動上路就會消耗能量，所以必須添加汽油補充能源。不過，人類即使紋風不動、什麼都不做，肚子還是會餓；即使沒去上課或上班，在家裡無所事事待著，肚子照樣會餓。

汽車也有類似的狀況，就算停下來，只要引擎還在轉動，就會消耗汽油。然而，汽車只要關閉引擎，就不會耗費汽油，無論停了多久汽油都不再減少，這一點就和人類有些不同了。不過，有些生物倒也是如此。

在分子生物學的研究室裡，經常冷凍著大腸菌。若是在大腸菌的培養液中混入十％左右的甘油，就算拿去冷凍，大腸菌的細胞裡也不會出現冰的結晶。即使冷凍十年以上再解凍，大腸菌依舊能夠恢復活動力。大腸菌一直沒有死，簡直就跟引擎停止運轉的汽車沒兩樣。

話雖如此，在冷凍狀態下是否還能稱為「活著」？這一點其實有些微妙。因此，以下將會針對非處於冷凍保存狀態下的生物，也就是所謂活著的生物，來進行討論。

我們與汽車有何不同？

前一章曾提過，生物必須符合以下三個定義：（一）區隔；（二）代謝；（三）複製。其中的第二點——代謝，是指「生物體中的能量流動和物質流動」，在生物體內，能量及物質都是流動的。

剛剛已經提過，在能量的流動方式上，生物與汽車是相當類似的，那麼物質流動的部分又是如何呢？

就汽車而言，只有能量是流動的，物質則不會流動。雖然汽油屬於物質，但它只是單純供作能源使用，因此在這裡就歸類於能量。而純粹的物質，也就是車體等部分，當汽車行駛

時，並不會產生變化。

另一方面，生物體內除了有能量流動，物質也會流動。接下來的話題可能有點不潔——人類的糞便，並非只是養分被吸收掉的食物殘渣，糞便的固態成分中，有三分之一是從小腸剝落的細胞。因此除了做為能量來源的食物，我們體內的細胞，每天也會流出體外。

不過，小腸細胞為何會剝落呢？這是因為小腸中的環境對細胞來說實在太嚴苛了。

小腸內住著許多細菌，也就是所謂的腸內細菌，數量估計有幾百兆之多，而人體的細胞估計有四十兆，等於是十倍以上。數量如此驚人的腸內細菌，就在被消化的食物中四處遊走，直接一點說，腸道內是個極其骯髒的環境。

此外，小腸內還有肌肉，為了將食物推送到肛門，必須不斷蠕動；小腸也得負責吸收各種養分，真的十分辛苦，而在最前線努力工作的，正是小腸上皮細胞。

在如此惡劣的環境下忙碌工作，使得小腸上皮細胞的壽命非常短暫，多半只有五天，在第一線工作的細胞甚至只能存活一天。在短暫的生涯告終後，小腸上皮細胞就被排出體外。

換言之，我們的身體每天都有一部分排出體外。這樣一來，身體不就會慢慢縮小了？但實際上，我們的體型（就成年人來說）卻沒有什麼改變。這是因為我們每天在排出身體一部分的同時，也會繼續製造身體。這一點就與汽車大不相同，人體中除了有能量流動，也有物質的流動。

生物體內隨時有物質流進與流出，只是各個部位的流動速度不盡相同。
人體的最外側是表皮，表皮又分成好幾層，最深的一層稱為基底層。基底層的細胞分裂十分活躍，這裡產生的細胞會漸漸被推往表層，直到抵達最外側的角質層便脫落，變成所謂的皮垢。而表皮細胞的壽命大概有數週。

表皮的下方為真皮，真皮細胞的壽命較長，可以存活幾年，因此不常汰換。一旦在身體上刺青，就永遠清除不掉，這是因為色素貫穿表皮，注入了真皮層。較小的色素粒子會被排出體外，較大的粒子則不會隨著細胞的汰舊換新被排出，於是遺留了下來，這就是刺青的顏色只會變淡，但永遠不會消失的原因。

除此之外，生物體內也有永不汰換的部分。

例如帆立貝、海螺等軟體動物的貝殼，就不會汰舊換新，一直到死亡都是同一個，從分子的角度來看，也是相同的分子。

不過，生物體的絕大部分都是一直在更新。因此，歷經十年之後，人體的所有部分幾乎都已經汰換過了。

十年前的你，已經不存在了……

十年前的你已不復存在，現在的你可以說是由新的材料打造而成。話雖如此，你依然是

伊利亞·普里高津

你，整體的外形也沒有什麼改變，生物實在是太不可思議了。

處於流動之中，卻又維持一定形態，這樣的構造稱為「耗散結構」（dissipative structure）。這是由來自俄羅斯的比利時物理學家伊利亞·普里高津（Ilya Prigogine, 1917-2003）所提出，他也因此在一九七七年獲得了諾貝爾化學獎。

明明流動著，形態卻沒有變化

在你的眼前，有一個裝了水的玻璃杯。盯著它看一會兒，杯中似乎沒有什麼變化，水量也沒有增減，這種狀態稱為平衡狀態。

肉眼看來似乎沒有任何變化，但以分子而言，可是非常活潑地來回移動不停。液體中有部分的水分子飛出到空氣中；空氣中則有部分的水分子飛入液態的水裡。飛出與飛入的水分子數量相同，因此肉眼看不出任何變化，而達成平衡狀態。

平衡狀態雖是一種動態，但其中並沒有流動。所謂的流動，是指像河川一樣，河川裡的水分子雖然有部分是朝著上游移動，但壓倒性的大多數都是往下游流去。從整體來看，河川的水分子是朝著下游移動，這才稱為流動。以剛才的那杯水來說，由於飛出與飛入的數量相同，從整體來看就相互抵銷，因此不會產生流動。

在平衡狀態下，能量也不會流動。舉例來說，當玻璃杯、杯中的水與周圍的空氣都有著相同溫度時，在玻璃杯中靠近水面的地方正處於平衡狀態，能量既不會從外流入，也不會向外流出。

平衡狀態是一種肉眼看來沒有任何變動的狀態，因此又稱為「死亡的世界」。顯而易見的是，生物並非處於平衡狀態，因為生物的體內是流動的。

能量與物質流入體內，打造生物的身體，然後又流出體外。換句話說，生物在存活的期間，外形上雖然沒有什麼改變，但的確是處於非平衡狀態。

——生物是非平衡的「耗散結構」——

瓦斯爐的火焰大致是尖端較細的橢圓形，盯著火焰看一陣子，會發現形狀並沒有變化。但這只是肉眼沒有觀察到變化，就分子的層面來說，火焰其實是動態的。到這裡為止都和平衡狀態沒有兩樣，但接下來就有所不同了——火焰並非處於平衡狀態，因為其中的物質與能量都是流動的。

火焰之所以能維持一定形狀，是因為瓦斯（主要成分為甲烷）不斷供給能源。瓦斯從瓦斯爐口冒出，（與氧氣結合，變成二氧化碳和水）再擴散到空氣中。像火焰這樣具有流動性、處於非平衡狀態，卻又能維持固定形狀的結構，稱為「耗散結構」。

在這裡先簡單地說明「耗散」一詞。能量有各種形式，就拿動能來說吧，在地板上滾動的球，本身具有動能。而當球滾動時，速度會漸漸變慢，最後終於停了下來，這是因為球的動能與地面摩擦之後轉換為摩擦熱，也就是動能變成了熱能。

不過，這種現象是不可逆的。一個靜止的球，無法從地面收集熱能後再自行滾動起來。

由此可知，能量的變化具有方向性。不僅是動能，還有許多能量可以轉換為熱能，但整個過程則無法逆轉。這種方向固定、無法逆向而行的過程，稱為「不可逆」。而各種能量轉換為熱能的不可逆過程，則稱為「耗散」。以瓦斯爐為例，就是蓄積在甲烷內的能量（具體來說是甲烷分子中的原子們結合的能量）耗散為火焰的熱能了。

當然，瓦斯爐內也有能量進出。耗散結構是處於非平衡狀態的有序結構，換言之就是明明流動著，形態卻沒有變化。除了瓦斯爐的火焰，像是因潮汐變化形成的漩渦、颱風，以及生物等，都屬於耗散結構。而普里高津也針對生物是耗散結構這一點，做了許多思考。

—一個偶然發生的奇蹟？—

生物的三大定義之一是代謝，那麼生物為何要進行代謝呢？對於這個問題，要是籠統地回答「因為生物屬於耗散結構」，倒也無妨，因為耗散結構中一定會有能量或物質的流動。那麼，生物為何要採行耗散結構呢？

由於颱風、瓦斯爐火焰等非生物也屬於耗散結構，因此很顯然地，耗散結構並不是生物的本質。

在前一章曾提過：「請牢記在心——我們現有的知識還不是十分完善。」人類不明瞭的事還有很多，說不定連「生物為何要採行耗散結構？」這個問題本身，都有可能是個錯誤。

假設你中了樂透彩頭獎，這真是奇蹟啊，要是我問：「你為什麼會中頭獎？」你會如何回答呢？

或許你會說：「因為我買了樂透彩呀！」這樣說也沒錯，畢竟沒買就不可能中獎。但這不能算是答案，因為大部分買了樂透彩的人都沒有中獎。

或許，根本沒有正確答案。你之所以中頭獎，不是因為每天求神拜佛，也不是因為日日行善積德，只不過是剛好罷了，一個偶然發生的奇蹟。

許多事物都有耗散結構，而在這其中，複雜得難以想像的生物，就這樣奇蹟似地存在了很長一段（大約四十億年）時間。不過，這或許也只是一種偶然，在所有具備耗散結構的事物之中，最複雜且存活最久的就是生物，如此而已。

正確的答案自然無人知曉，但我們不能因此停下腳步，還要繼續前行。或許走著走著，我們就會找到答案了，因為生物學永無止境。

以前的妳
已經不存在了……
裝什麼文青啊？
你是在說細胞，
對吧？

第5章

生物「奇點」出現了

地球如此廣闊，肯定有生命體不斷出現、也持續消失。
而就在某個時刻，奇點發生了。
某個生命體啟動了天擇，
一口氣變得更複雜、漸趨多樣化，
最後在地球上處處現蹤……

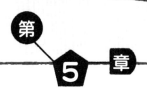

人類將被人工智慧滅絕？

我們經常會聽到「人工智慧」（Artificial Intelligence，簡寫為ＡＩ）一詞，人工智慧能與職業棋手對弈，或是參加大學入學考試而引發熱議，許多企業也導入人工智慧，使其負責一部分的工作。美國的知名媒體《華盛頓郵報》利用ＡＩ發布選舉報導，日本的新聞界也開始引進並善用這項科技。

另一方面，也有些人對人工智慧的發展感到不安，憂心不久的將來，人工智慧的能力將超越人類，人類的工作將有可能被人工智慧機器所掠奪。

這其中最極端的憂慮是「奇點的到來」。這裡指的是科技奇點（Technological Singularity），一個完全顛覆人類理解、無法預測的時間點，具體來說就是「人工智慧自行進化，因而超越自身能力的時間點」。一旦科技奇點到來，人類或許也將面臨終結。

假設人工智慧能創造出比自己聰明的人工智慧；如此一來，新的人工智慧又會創造出更聰明的人工智慧……這個過程不斷反覆，應該很快就會出現智商高到無法想像的人工智慧。

我們若設定能力為一的人工智慧，可以創造出能力為一．一的人工智慧，如此重複循環一百次，就會創造出能力超過一萬的人工智慧，這已經遠遠超出人類所能控制的範圍。人類有可能被人工智慧征服，甚至因此滅絕。

回頭想想，當我還是大學生的一九八〇年代，人工智慧同樣是熱門話題，也經常聽聞人工智慧將會火速進化，徹底改變人們日常生活之類的說法。但是，這種狀況並沒有發生，所以我們似乎也不必過於擔心科技奇點的問題。

不過，有一個奇點倒是已經發生，那就是「生物奇點」。

─懶惰蟲男子和農用機器人─

有個農家子弟，是出了名的懶惰蟲。從小父母就告訴他，長大之後要務農，他自己也有這樣的打算。長大後的男子順理成章當起農夫，的確認真工作了一陣子，卻漸漸覺得厭煩。這也難怪，畢竟他本來就是個懶惰蟲，男子於是心想：

「有沒有辦法做個代替我下田工作的機器人呢？要是有了這種機器人，我就可以整天窩在家睡覺了。」

為了達成這個願望，男子開始動手打造機器人。所幸男子似乎也有這方面的才能，最後終於製造出可以下田工作的農用機器人。早上天一亮，機器人就出門去田裡，白天努力工作，到了傍晚才回家。男子則過得非常愜意，可以整天窩在家睡覺。

不過，男子的幸福生活沒有維持很久，一個月過後，機器人壞了，男子束手無策，怎麼修都修不好，只好重做一個。機器人完成之後，男子又繼續悠哉快活了。

但又過了一個月，這個機器人也壞了，男子只好再做一個，日子就在這樣的來回反覆中度過。男子可以整天窩在家睡覺，真是開心極了，只是每過一個月就得重做一個機器人，實在很麻煩，他於是又想著：

「有沒有辦法做個幫我重做機器人的機器人呢？要是有了這種機器人，我就可以整天窩在家睡覺了。」

為了達成這個願望，男子開始動手打造新型的機器人。這個機器人除了會下田工作，還附加了「可以製造機器人」的功能。

新型的機器人每過一個月會做出一個新的機器人，然後自己就壞掉了。男子從此高枕無憂，因為田裡的工作有機器人代勞，新的機器人還會自行製造機器人。他整天都窩在家睡覺，真是逍遙自在。

幸福的男子整天無所事事，於是開始觀察每個月製造出來的機器人。他發現，這些機器人似乎有些微不同。雖說當初的設計是想製造出相同的機器人，但要做出完全一模一樣的複製品，似乎是有點苛求了。好比影印機複印出來的文件，字多少會有點糊糊的；縱使機率不高，電腦數位列印稿也可能出現錯誤。世界上並沒有百分之百完美的複製品。

因此，每個月製造出來的農用機器人，當然也有些許不同。有的機器人下田工作速度很快，有的則動作稍慢；有的機器人三十天就壞了，有的三十一天才故障。但這些狀況都不嚴重，所以男子也沒有放在心上。實際上，這的確沒有大礙。性能為一的機器人，所製造的機器人性能有可能是一．一，也有可能是〇．九，但都是在這個範圍內，差異不大。因此，機器人的性能或許稍微偏高或偏低，但不會出現急劇的變化。

就像這樣，每個月被製造出來的機器人都略有差異。某一次，機器人偶然地做出了兩個機器人，但是男子家中驅動機器人的燃料只有一份。

「這下可傷腦筋了，燃料該給哪一個機器人使用才好呢？」

其實男子並不需要煩惱，機器人們自然會解決這個問題。

燃料槽裡每天只會放入一份燃料，機器人結束田裡的工作回到家以後，就會從燃料槽裡取出燃料，自行補給。所以，先結束工作的機器人，回家後便會先補給燃料，另一個機器人就無法補給了。燃料用罄的機器人不能再出門下田，只有靜靜躺在家中角落。

這種狀況反覆發生幾次後，很快地，機器人下田工作的效率越來越高了。性能一的機器人製造出來的機器人，性能都在一．一到〇．九之間，但存活下來的，都是性能偏高的機器人，而且性能也不斷提升。假設機器人的性能每個月以一．一倍成長，一年之後，機器人的性能將成長到三倍以上（一．一連乘十二次＝三．一三八）；四年之後（三．一三八連乘四次）竟然到達了一百倍，機器人出現了急劇的變化。

然後又過了十年……機器人的能力已經遠遠超過懶惰蟲男子，不再聽從他的命令。機器人不下田工作，還把房子改造成適合自己居住的樣貌，男子想要毀壞機器人，反而被機器人襲擊。機器人變得更聰明、更強大，無計可施的男子只好哭著離家。

故事還沒有結束。後來機器人學會自行採掘燃料，產出的數量於是越來越多。然而，並不是所有的機器人都能留下。機器人每個月製造出兩個機器人，如果全都留下，三年後就會超過六百億個，因此存留下來的，只有性能優異的機器人。機器人的數量不但逐漸增加，還變得越來越聰明，最後終於成為地球的支配者，人類也從此不見蹤跡。

有了機器人，
就可以偷懶了吧？
你喔，人類滅亡了
也無所謂嗎？

天擇啟動，奇點就發生了

前述的這個故事，也可以讓我們思考一下奇點的問題。奇點是在何時發生的？先是製造出了會下田的機器人，接著是一個機器人能夠複製出一個機器人。到這裡為止，懶惰蟲男子都過得很幸福，因為他可以控制機器人。

然而，當一個機器人能夠複製出兩個機器人時，狀況就不同了。兩個機器人之中，只有性能優異的那一個會存留下來，機器人的性能開始突飛猛進。漸漸地，男子就無法控制它們了。

換言之，開始複製出兩個機器人，就是奇點出現的時刻。那又為何是這個時間點呢？這是因為天擇（natural selection）啟動了。

在此先稍微說明一下天擇[1]。啟動天擇需要有兩個條件，只要滿足以下兩點，就一定會發生天擇。

（一）**遺傳出現變異**。

（二）**出生子代的數量多於親代，導致環境承載力不足**。

我們就以長頸鹿為例來說明吧。假設脖子長的長頸鹿能吃到的樹葉，比脖子短的長頸鹿多，也就是長脖子的長頸鹿會有較高的生存機率。

條件（一）中所謂的「變異」，意思是「同種類中的差異」，在這個例子裡則是指長頸鹿脖子的長短差異。脖子的長度若不會遺傳，這樣的天擇就不會發生，所以要啟動天擇，脖子的長度就必須能夠遺傳。

不過，脖子的長度雖能遺傳，卻無法完全遺傳。假設父母的脖子長度比一般長頸鹿多出一公尺，所生孩子的脖子長度也多出了一公尺，這種狀況稱為一〇〇%遺傳。然而，遺傳率實際上只會有二〇%或四〇%，如此而已。脖子長度比一般長頸鹿多出一公尺的父母生下的孩子，脖子的長度平均只會多出幾十公分，不過這樣的條件也已足夠，遺傳率只要不是〇，即使僅有一%，天擇也會發生。

（二）也是天擇啟動的必要條件，只是很容易被忽略。在先前的故事中，當一個機器人製造出一個機器人時，並沒有發生天擇，直到製造出了兩個機器人，天擇才突然啟動。

事實上，天擇不會增加性能優異的機器人，只是淘汰性能低下的機器人。也因此，在一個機器人製造出一個機器人的期間，由於燃料足夠，所有的機器人都會存留下來，天擇並沒有出現。然而，當一個機器人製造出兩個機器人，燃料變得不敷使用時，就會有機器人被淘汰，天擇則開始啟動。（再說得詳細一點，當出生子代的平均人數在一人以下時，也可能出現天擇。例如，在總人口數減少的狀況下，此時縱使出生子代的平均人數低於一人，也有可能滿足（二）「出生子代的數量多於親代」這個條件。）

─ 天擇是生物存續的要件 ─

根據推測，大概在四十億年前，我們所居住的地球上就出現了生物，只是當時就算已經有生物（或類似之物），如果沒有出現天擇，生物應該還是很難存活下來。

先前故事中提到的機器人也是一樣。在一個機器人製造一個機器人的期間，這樣的循環隨時可能被打斷。機器人下田工作時萬一發生地震，被掉落的大石砸中，說不定就會損壞，無法再製造下一個機器人，機器人的生產系統也到此終結。

其實，就算有一百個機器人，只要機器人數量沒有增加，故事的結局都一樣。當機器人因意外等事故接連壞掉，數量遲早會變成〇。因此機器人若要持續存在，就得增加數量。

不過，光是增加數量也無法長久存續，當所有機器人都具有相同的性能時，也很容易滅絕。假如機器人怕水，一下雨就報銷，即使有好幾萬個機器人，來場大雨也會全軍覆沒。

為了避免全軍覆沒，機器人必須有所差異。所以複製機器人時稍有出入，是比較理想的做法，這樣可以製造出各式各樣的機器人，其中一定會有些比較不怕水。這個變化也可以繼續傳給下一個機器人，進而製造出防水功能更強固的機器人，如此一來，即使下起傾盆大雨也無妨。換句話說，遺傳中出現變異是好事一樁。

此時，啟動天擇的兩大條件已經完全被滿足，對機器人來說，也正是奇點發生的時刻。

機器人開始進行改良，種類趨於多元、數量也不斷增加，直到布滿整個地球。

這雖是虛構的故事，但生命誕生於地球之際，想必也發生過相同的狀況吧。地球如此廣闊，時間更是充裕，肯定有生命體不斷出現、也持續消失。但就在某個時刻，奇點發生了。某個生命體啟動了天擇，一口氣變得更複雜、漸趨多樣化，最後在地球上處處現蹤。

生物的第三個定義是「複製自己」，但正確說來，應該是「複製（比成人數量更多的）自己」。也多虧如此，生物才得以綿延不斷地生存了四十億年。

1 編註：自然界對於物種的選擇。在自然環境的限制下，生物的某種遺傳特徵在生存競爭中若具有優勢或劣勢，劣勢者因不利於生存會被淘汰，優勢者則得以繁殖而遺傳後代。

天擇聽起來很殘酷，
卻是生物得以存活的
重要關鍵呢。

第6章

是生物，還是無生物？

地球上的生物有三個特徵：
1. 有膜與外界區隔；2. 能進行代謝；3. 能複製自己。
會代謝和複製的颱風，以及網路上蔓延的病毒，
可以算是生物嗎？還是徹頭徹尾的無生物呢？

—不會代謝的生物是否存在？—

從第3章到第5章，我們談論了生物最主要的三個特徵，現在就來整合探討一下吧。我們尤其要逆向思考，想像一下是否有不具備這些特徵的生物。

首先從代謝開始——也就是生物雖處於非平衡狀態、卻能確保外形不變的狀況。先來做個簡單的複習。假設南極有個外形終年不變的大冰塊，水分子經常從這塊冰的表面飛入空氣中，空氣中也有相同數量的水分子會與冰塊表面結合，因此從外表看來，冰塊的外形沒有改變。

在這樣的平衡狀態中，物質或能量的進、出都是均等的。由於從外表看來，物質與能量都沒有變動，所以又被稱為「死亡的世界」。既然是平衡狀態，理所當然外形會維持不變。

然而，生物的物質與能量都是流動的，以我們的小腸壁來說，物質的進出就不均等。在小腸中透過腸壁進入微血管的物質，比離開微血管的物質還要多，因此腸壁中的物質，是朝著單一的方向流動。生物體內的物質或能量會像這樣流動，亦即有所謂的代謝，所以是處於非平衡狀態。生物雖然處於非平衡狀態，卻能保持外形不變，這樣的結構稱為耗散結構。相較於十年前，我們現在的身體幾乎所有物質都已經汰舊換新，但外形（若是過了成長期，就幾乎）沒有改變。

運動中的物體具有動能，其中有部分會因為與地面摩擦、或是空氣的阻力，而轉換成熱能。動能一旦轉換成熱能，就無法再逆轉重新變回動能。就像這樣，物質具有的各種能量以不可逆（無法復原）的形式轉為熱能而消失的現象，稱為「耗散」。

人類主要藉由飲食為身體提供化學能量，其中大部分都以熱能的形式離開身體。我們靠著將身體攝取的能量轉換為熱能耗散的方式而生存，因此必須透過進食和排泄讓物質進出。換句話說，人體是仰賴物質與能量的流動，才得以生存的耗散結構。

接著在第5章，我們講了一個農用機器人最後消滅人類的虛構故事。故事中探討的是農用機器人的複製能力，在這裡我則想聊一下機器人的代謝能力。

農用機器人可以自行置入燃料、產生動力，因此在機器人身上的燃料置入口，也有燃料這種物質流動著，但從整體來看，這只占了極小的一部分。農用機器人的身體是（設定為）金屬打造，就算放著不管它，機器人的外形也不會改變；即使沒有為它持續注入物質或能量，機器人也會維持原狀，這一點就和瓦斯爐火焰的耗散結構不同了。非要選擇的話，機器人比較類近於汽車，而汽車不是耗散結構。換言之，農用機器人的身體並非耗散結構，所以不會像生物那樣進行代謝。

地球後來被農用機器人占據，人類也全都滅絕了，這時候若有其他星球的外星人來到地球，大概會以為農用機器人是一種生物吧？

農用機器人每個月都會自我複製，在地球上分布廣泛地活動，也會和外星人聊天（假設語言能互通）。假如外星人打算征服地球，農用機器人應該也會加以抵抗（就像當初對抗人類一樣）。這麼一想，農用機器人簡直就跟生物沒有兩樣。然而，農用機器人不會進行代謝，而代謝正是判斷是否為生物的定義之一。

不會複製的生物是否存在？

在第5章，我們將農用機器人發生天擇（開始複製出兩個機器人）的時間點視為奇點，因為天擇一啟動，農用機器人的功能便爆炸性地向上提升。

實際上，天擇對於生物非常重要。地球上的環境經常起伏變化，假設氣溫從攝氏二十度降到了〇度，此時生物若不改變，始終只能適應二十度的環境，一定會冷死而滅絕。

此外，要是沒有天擇的存在，生物只是漫無目的地改變，也不是好事。例如氣溫是從攝氏二十度降到〇度，生物卻從適應二十度演化成適應四十度的環境，還是會冷死而滅絕。

讓生物順應環境的變化……不，是讓生物正確地配合環境的變化來改變，只有天擇可以做到[1]。當天擇發生時，氣溫若是從二十度降到了〇度，原本適應二十度環境的生物，大概可以演化成適應十度左右，之後隨著時間推移，才會慢慢出現可以適應〇度的生物。天擇能夠讓生物以稍遲於環境變化的速度，來進行演化。

天擇還有另一個好處。地球上有各式各樣的環境——赤道一帶非常炎熱，南極十分寒冷；熱帶雨林極常下雨，沙漠幾乎無雨。由於適應不同環境，生物的種類也隨之多樣化。

透過天擇，生物變得多樣化，還會順應環境的起伏而改變，這樣一來，跟不上環境變化的某些生物即使會絕種，也不太可能所有的生物都滅亡。事實上，經過長達四十億年的時間，生物還是在地球上生存著，而能夠延續至今，都要拜天擇所賜。

不過，這也是因為地球上的環境變化實在太大了。假如是一個環境始終穩定、不變的星球，又會如何呢？

像太陽這種依靠自身能量發光的星星，稱為恆星。恆星的壽命有長也有短，而且是以氫等為原料，經由核融合反應（原子核融合所產生的反應）而發光。大的恆星由於含有較多的氫，感覺壽命較長，事實上並非如此。大恆星由於中心的壓力較大，溫度會增高，而加速核融合反應，氫相對消耗得快，因此恆星越大，壽命越短。太陽是壽命相對較長的恆星，但在質量更小的恆星中，或許也有些恆星的壽命是太陽的一百～一千倍。

本身不會發光、繞著恆星轉的星球稱為行星，地球就是繞著太陽轉的行星。如果有一個行星，循著一個壽命比太陽還長的恆星繞行，這個行星的環境想必相當穩定，長期下來也不太會起伏變化。

任何一個恆星，溫度都會慢慢上升、體積漸漸變大，太陽也不例外，地球剛形成時，當時的太陽亮度只有現在的七〇％左右。不過，對長壽的恆星來說，這樣的變化非常緩慢，或許就是因為如此，傳送到行星的能量才會長期維持一定，行星上的環境也能夠平穩、安定。

基本上，壽命較長的恆星，所釋放的能量相對較少，傳送到行星上的能量恐怕也不多，行星上的生物一旦無法獲得活動所需的足夠能量，可能就會危及生存。這樣看來，行星若是靠近恆星一點，或許就能得到所需的能量。不過，行星本身也必須具備一些條件，像是地球有傾斜的自轉軸，會形成不同的季節，環境也就難以安定了。

只不過，想得再多、再具體也沒用，宇宙中想必還有著環境比地球更安定的行星吧？或許那裡的生物一輩子都能維持相同的模樣長久生存，甚至也不需要自我複製。

瓦斯爐開著不關很危險，但如果瓦斯爐本身非常堅固，能夠一點一點、源源不絕地釋放瓦斯……爐火就有可能燃燒很長一段時間吧？說不定可以燃燒幾百年、幾千年，甚至更久遠。換句話說，處於安定的環境時，只要不間斷地供給能量，像燃燒的火焰這種非平衡狀態，也能夠長久維持。如果連這種單純的耗散結構都得以長久存續，那麼像生物這種複雜的耗散結構，或許也能長久存續、也有辦法長生不老。

換個角度，我們來思考看看雖然不斷複製，卻沒有發生天擇的例子，像是農用機器人在奇點到達前的狀況。農用機器人每個月製造出一個新的機器人，然後就會壞掉；機器人雖然可以進行複製，但一次只能複製出一個，因此天擇並沒有發生。只要環境沒有任何改變，這個系統想必也能永遠持續。

在浩瀚的宇宙中，某個地方或許存在著不需要天擇的生物……不，甚至是不需要自我複製的生物呢。

沒有區隔的生物是否存在？

二〇一七年夏天發生的奧鹿颱風，是觀測史上最長壽的颱風，總共持續了十九天。這個颱風先是從和歌山縣登陸再緩緩北移，撞上綿延於岐阜縣至長野縣之間的山脈後一分為二。

颱風也是一種典型的耗散結構。它會從周圍吸收能量，以保持漩渦狀的固定外形。此時物質與能量在颱風裡流動，持續著非平衡狀態，因此我們可以說，颱風也有代謝能力。

颱風也能夠分裂進行複製，像奧鹿颱風就是如此。這樣看來，颱風已經具備了生物三大特徵的其中兩項。

若是颱風可以持續幾十年、甚至幾百年之久，會變成什麼模樣呢？在地球上當然是不可能發生，但在宇宙中的某個星球，或許就有已經形成的颱風不斷從四周吸取能量，歷經了好幾百年依舊存在（持續進行代謝）。若是剛好撞到山脈，說不定還會分裂。

那麼，在這個行星上，颱風會有什麼樣的變化呢？

這個行星上或許會出現許多容易分裂的颱風，只要稍微碰到山脈就會分裂。結果分裂的次數不斷增加，速度也越來越快，經由天擇，分裂快的颱風取代了分裂慢的颱風，迅速在行星上散布開來。重點是分裂出來的新颱風，也得繼承容易分裂的這種特性，但就認知上來說，颱風並沒有遺傳能力，所以天擇也不太可能作用在颱風身上。在這個行星上，只是有相同的颱風不斷增加，但實在很難稱這樣的颱風為「生物」，姑且就說它是「趨近於生物的東西」吧。

就像這樣，颱風同時具備了代謝和複製兩項特徵，但不具有與外界區隔的條件。

——地球上的生物有如富士山——

我曾經在靜岡縣的沼津市過夜，一早起床上街散步時便嚇了一跳，因為眼前的富士山實在太巨大了。那樣的張力與震撼，和在東京見到的富士山有如天壤之別，彷彿是完全不同的兩座山。地球上的生物，就像我從沼津市看見的富士山，是一種比人類巨大許多、截然不同且相去甚遠的存在。

不過，山也不是只有富士山。如果從地面隆起的就是山，那就不計其數了。有些高聳雄偉，任誰一看都會認定是山；有些是否能稱為山，則是眾說紛紜；也有些山的高度實在太低，就跟平原無異。這樣看來，山與平地也可以說是接續在一起的。

而富士山則是任誰一看，都會認定它確實是一座山；同樣地，地球上的生物也一看就知道是生物。然而，就像有些山很難說是山或是平地，在宇宙中的某個地方，或許也有難以一口斷定是生物、還是無生物的存在。乍看之下是生物，卻有可能根本不具備地球生物的三項特徵；而地球上的網際網路，也有可能生成類似生物的東西。這樣一來，我們就無法判定什麼才是生物，也會分不清生物與無生物了。

我想，雖然無法定義生物，但至少我們還能夠定義地球上的生物。從下一章開始，就要來談談地球上的生物，或許在這奧妙之中，還存在著新奇未知的廣大生物世界呢。

1 審註：做為演化根本的「變異」並沒有目的性，亦即生物無法決定要朝著耐冷等適應環境的方向演化，天擇只是讓有耐冷特徵的子代可以被環境留下。

第7章

你比細菌高等嗎？

細菌與古菌的個體雖小，
卻能造出極大的鐵礦床、產生含氧的空氣。
各種生物不論體型大小，彼此相互作用，
甚至進一步與地球磨合，
才終於造就出今日的生態樣貌。

眼蟲是動物還是植物？

有一種稱為「眼蟲」的生物，學名中的屬名是 *Euglena*，市面上也有直接以此屬名為產品名稱販售的健康食品。

眼蟲能拍打鞭毛游泳，也可以靠著讓身體變形的方式移動，就像動物一樣。另一方面，眼蟲也有葉綠體，能夠行光合作用，就像植物一樣。

因此，對於眼蟲是動物還是植物，以往曾是讓人深感困擾的問題。

然而，眼蟲是動物還是植物之所以令人疑惑，或許是因為一般都認定，生物就只有分成動物和植物吧。

事實上，既非動物亦非植物的生物還真不少。在所有的生物中，動物或植物不過只占了一小部分，因此大可不必糾結於眼蟲究竟是植物還是動物。

眼蟲既不是動物，也不是植物，如此而已。

現今地球上的生物，主要分成三大域（Three-domain system）【圖7－1】——**細菌**（**真細菌**）、**古菌**（**古生菌**）**以及真核生物**。

包括人類在內的動物，則屬於真核生物。

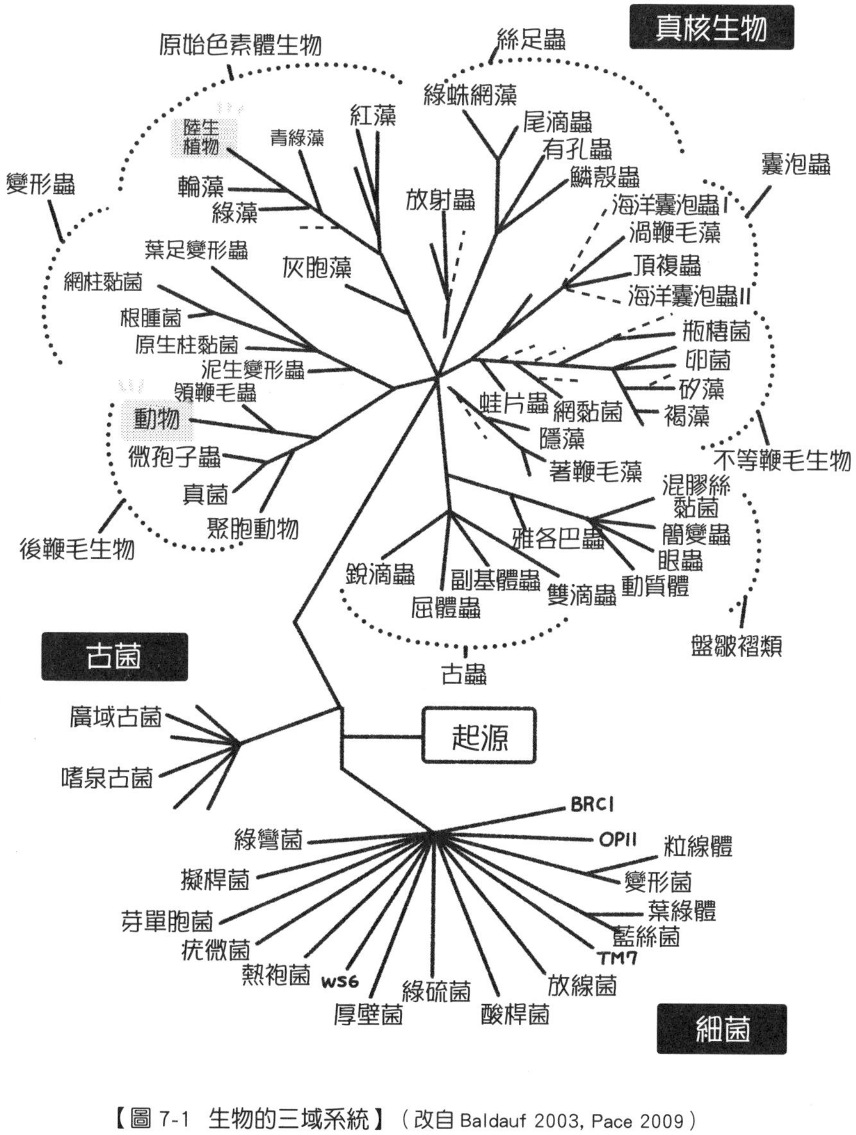

【圖 7-1 生物的三域系統】（改自 Baldauf 2003, Pace 2009）

卡爾・理查・烏斯

古菌是美國生物學家卡爾・理查・烏斯（Carl Richard Woese, 1928-2012）較近期（一九七七）的發現，他也是第一位利用ＤＮＡ的核酸序列（ＤＮＡ中的核酸排列方式。在197頁也會說明）來研究所有生物系統關係的學者。ＤＮＡ是生物賴以保存遺傳資訊的物質，但其中的核酸序列會隨著時間漸有些許變化，因此生物演化的過程也會被保存在ＤＮＡ中。

系統相近的生物，從身體的外觀便可推測出彼此的關係。例如牛、鹿和蜥蜴，從外觀便能推測牛和鹿為近親關係。

再打個比方，牛、鹿和蜥蜴都有腳，這是因為三種動物的共同祖先都有腳。不同種的動物，繼承了共同祖先的同一個性狀，因此具有相同的性狀（性狀是指型態與性質，亦即生物所具有可遺傳的特徵），就像這個例子中的腳。

只要比較這個相同的性狀，就能推測彼此的系統關係。我們來比較一下三種動物的腳：牛和鹿都有蹄這個共通的構造，但是蜥蜴沒有。從這一點也可以判斷，相較於蜥蜴，牛和鹿有近親關係。

然而，系統關係相距較遠的生物，就很難看出哪一個是彼此的相同性狀了。以人類、蕈菇和變形蟲為例，實在很難判斷什麼才是相同的性狀，因此要清楚闡明所有生物的系統關係，是不可能的事。

不過，所有生物都有ＤＮＡ，也都有ＤＮＡ中的某幾個基因，這是因為所有生物的共同祖先都具有這個基因的緣故。由此我們可以認定，這個基因在所有生物身上都是相同的，只要藉由這樣的基因，就能推測出所有生物之間的系統關係。

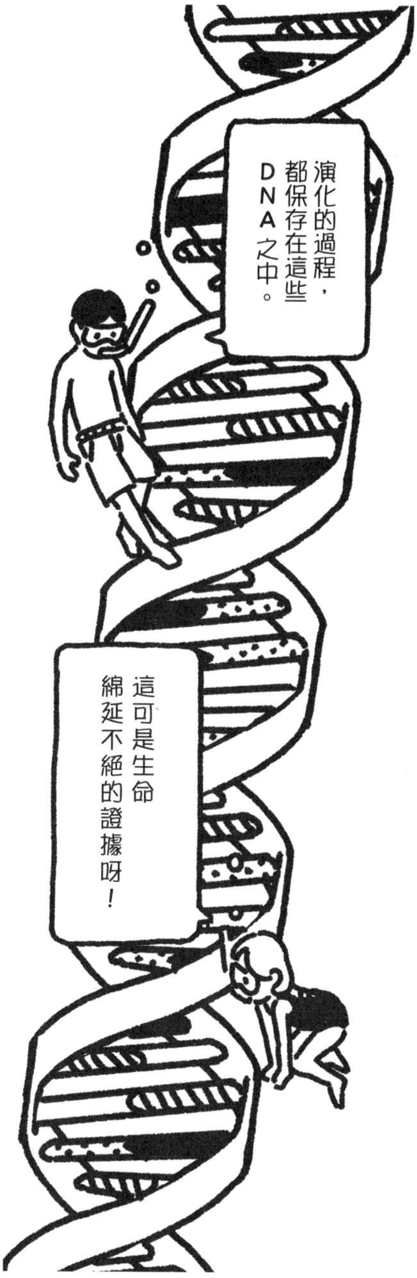
演化的過程，都保存在這些ＤＮＡ之中。
這可是生命綿延不絕的證據呀！

而率先做起這件事的人就是烏斯。具體來說，他是使用了製成 SSU-rRNA 這個 RNA 小單位的基因（亦即 SSU-rDNA），推測出所有生物的系統關係（RNA 是與 DNA 相似的分子。詳細說明請見第15章〈遺傳是怎麼進行的？〉）。

而結果顯示，外觀看來十分類似的產甲烷菌與大腸菌，在系統上的關係其實相去甚遠。包括產甲烷菌在內的某些生物，於是被排除在細菌之外，獨立成為所謂的「古菌」（當時稱為 Archaebacteria）這一域。

—鯊魚或人類，哪一個和鮪魚更接近？—

有時候，細菌與古菌也會被歸類成同屬於原核生物。

第3章提過，所有的生物都有生物膜，而生物膜只是單純做為細胞膜包覆在細胞外側的，稱為原核生物；除此之外，生物膜還有區隔細胞內部功能的，稱為真核生物【圖7-2】。在做為區隔的生物膜中，最重要的就是包覆DNA的核膜，而核膜包覆DNA的整個構造則稱為細胞核。因此，我們也可以稱沒有細胞核的是原核生物，有細胞核的是真核生物。

這裡有個略微奇妙的部分，就是分類與系統的關係。細菌與古菌都被歸類為原核生物，因此就系統來說，這兩者是近親，事實上卻非如此。以古菌而言，相較於細菌，古菌反而更

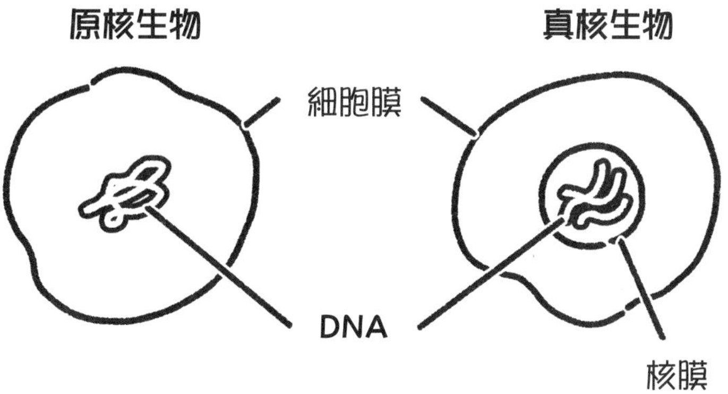

【圖 7-2　原核生物和真核生物】

接近真核生物【圖7－3(1)】。

就以常見的生物為例，在很久很久以前，鯊魚、鮪魚和人類都屬於同一種【圖7－3(2)】，之後先分出鯊魚支系，再繼續分出鮪魚及人類支系。因此以系統演化樹而言，鮪魚和人類的關係，要比和鯊魚更接近。然而鯊魚和鮪魚都被分至魚類，人類則屬於哺乳類，這是因為從外觀看來，鯊魚和鮪魚更相似。鯊魚和鮪魚都有鰓與鰭，但人類沒有；人類有手腳及耳朵，但鯊魚和鮪魚都沒有。

不過，人類倒是有些地方和鮪魚相似，像是人類和鮪魚的骨骼同屬硬骨魚高綱，鯊魚則是軟骨魚高綱。但就整體來看，鯊魚和鮪魚的相似處還是比較多。像這樣把外部特徵相似的生物歸於同一類，所得出的結果就不一定會和系統上的親緣關係一致了。

(1)

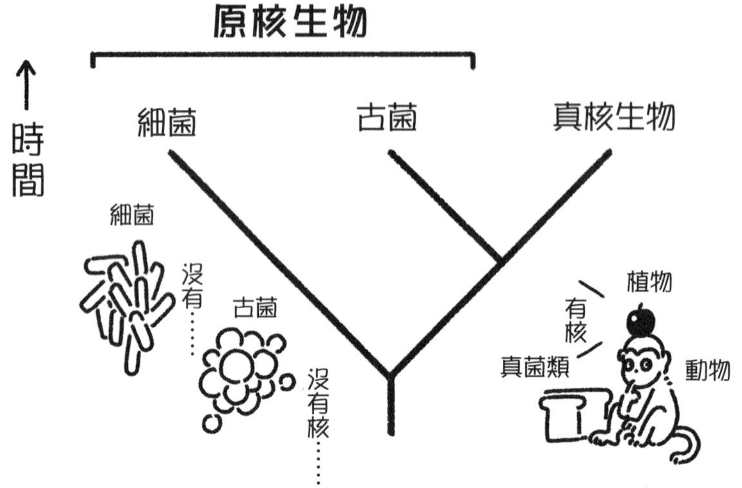

(2)

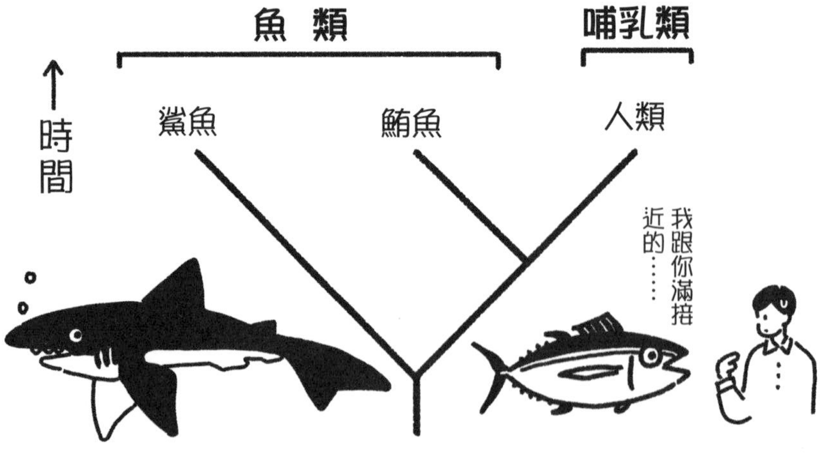

【圖 7-3　分類與系統的關係】

—真有那麼匪夷所思嗎？—

烏斯提倡的古菌域由於反對意見頗多，沒有獲得相當的認同，而最具代表性的反對人物就是恩斯特．瓦爾特．邁爾（Ernst Walter Mayr, 1904-2005）。

邁爾是來自德國、移民美國的演化生物學者，研究成果相當豐碩，同時也以提倡物種概念而聞名。「什麼叫做種？」這個問題很難回答，不過邁爾還是給出了一個答案。所謂的「種」，是指能夠相互交流基因的一群個體。不同物種之間無法交流基因，亦即具有生殖隔離機制，這就是邁爾所主張的「物種觀」。

不過，物種觀無法套用在無性生殖的生物上。例如細菌的個體沒有公母之分，幾乎不會透過精卵結合來交換基因，通常只會以個體分裂的方式增殖。像這一類的生物基本上不存在生殖隔離與否的問題，也就無法以物種觀加以定義[1]。此外，化石也無法套用物種觀，因為絕大部分的化石都沒有殘留基因，無法由此推測出有無基因交流。

雖然可套用的範圍有所限制，但因為物種概念相當易懂，於是也被廣泛利用。而這位知名的演化生物學者邁爾，就對烏斯的說法緊咬不放。

邁爾的想法是這樣的——

相較於細菌、古菌兩者與真核生物之間的差異，細菌與古菌的差異實在太過細小，沒有

恩斯特·瓦爾特·邁爾

必要特地為古菌另闢一個分類群。而且，目前已知的真核生物有兩百萬種，細菌有將近一萬種，古菌卻只有少少的兩百種。種類少得可憐的古菌，怎麼有資格與多采多姿的真核生物平起平坐呢。

邁爾的想法不難理解。我們真核生物的樣態多元而精彩，既有鑽入地底的鼴鼠，也有在天空飛翔的鳥類；有在地面上快步爬行的小小螞蟻，也有在海洋中悠遊的巨大鯨魚。任誰見到如此多采多姿的真核生物，都會由衷產生崇敬之心吧。

相形之下，古菌與細菌的外形都是球狀、棒狀或條狀，長相大同小異，體型多半只有一微米（一釐米＝一千微米）左右，最大的也只是將近十微米。人類肉眼最小只能看見大約五十微米的東西，因此看不見古菌與細菌（有一種名為「納米比亞嗜硫珠菌」〔*Thiomargarita namibiensis*〕的球狀細菌，直徑最大可達〇·七五釐米，肉眼可見，所以也是有幾個例外）。再怎麼左思右想，古菌與細菌的樣態真的沒有太大差異。

一直以來，生物只分成真核生物和原核生物（細菌）兩大類。樣態貧乏的細菌，卻能與繽紛多元的真核生物分庭抗禮，本來就很奇怪，烏斯竟然還把僅有兩百多種的古菌再分類成新的一群，而且地位與真核生物相當，簡直是匪夷所思。

不過……真有那麼匪夷所思嗎？

─ 不是種類少，是發現得不多 ─

人體絕大部分是由水和有機物構成。有機物是含碳、構造複雜的分子，所以即便是含碳的分子，例如二氧化碳（CO_2）或碳酸鈣（$CaCO_3$），這種單純的分子也無法稱為有機物。生物製造出來的蛋白質、醣類、脂肪以及相關物質，主要都是有機物。

樣態多元的真核生物中，最吸睛的莫過於動物與植物。動物與植物都是由有機物構成，動物無法自行製造出有機物，植物則可藉由光合作用製造有機物。因此，植物製造出來的有機物便成為動物的食物，動物要生存，就必須仰賴植物。

植物也有著豐沛的多樣性，從在地面攀爬蔓延的苔蘚，到高度超過一百一十公尺的巨杉等，各種大小都有。不過，從植物最大的特徵——光合作用——來看的話，所有植物都是以釋出氧氣的方式來進行光合作用。不，不只是植物，其他能進行光合作用的真核生物，也都是進行產氧的光合作用，例如海苔之類的紅藻、海帶芽之類的褐藻、小球藻之類的綠藻等。

此外，有藍綠菌這種產氧光合作用型的細菌，但也有細菌行光合作用時不會產生氧氣，例如紅硫菌、紅螺菌、絲狀綠菌等；而在不產氧光合作用型的細菌之中，綠硫菌、日光桿菌行光合作用的方式，也和這三種細菌不同。甚至還有不行光合作用而以化學合成（利用分子中的化學能量）方式製造有機物的細菌，例如亞硝酸菌、硫細菌等【圖7－4】。

有些古菌也能行光合作用。例如嗜鹽古菌，採行的是比細菌或真核生物簡單的不產氧光合作用；產甲烷菌（古菌）、亞硝酸菌等是採行化學合成（亞硝酸菌有細菌也有古菌）。就生物的基本特徵來看，採行光合成或化學合成的細菌與古菌，其多樣性反而比真核生物更勝一籌。

換言之，真核生物的多樣性，不過是在基本特徵相同的範圍內發展出不同的種類。這樣看來，真核生物的多樣性反而不及細菌與古菌呢。

假設某個學校裡有兩個班級，一班有一百個學生，所有的學生只會講日語。日語雖然有不同的方言，但比起其他語言，方言之間的差異性並不大。二班的學生只有十人，但學生們能說不同的語言，例如有的能講阿拉伯語，有的會說史瓦希利語。在這種狀況下，即便人數較少，但就語言的多樣性來說，二班要遠遠勝過一班。

暫且撇開基本特徵的多樣性較高不談，為什麼細菌與古菌的種類會這麼少呢？

大部分的真核生物都是肉眼可見，新物種很容易被發現；但肉眼看不見的細菌與古菌，沒有顯微鏡幫助或是透過培養方式增殖，實在很難察覺，有些甚至得檢查ＤＮＡ才能判定

【圖 7-4　光合成與化學合成】

是新種。既花費時間、過程又繁瑣，難怪細菌與古菌種類的增加速度如此緩慢。換句話說，細菌與古菌不是種類少，而是人類發現的種類不多。

我們的腸道裡住著許多腸內細菌，種類大概有一千種，數量則約有一千兆個。一個人類的身體裡，竟然住著這麼多細菌，要是能一一細數，其種類想必會超過真核生物吧？

再回頭看看剛才的學校班級例子，這一次假設二班的學生人數多於一班。一班有一百個只會說日語的學生，二班有一千個會講各種語言的學生，那就勝負立判了——語言上多樣性較高的，當然是二班。就此結論來看，將地球上的所有生物分成真核生物、細菌、古菌三大域[2]，似乎也不為過。

—區分高低等是一種偏見—

或許邁爾只對肉眼可見的大型生物感興趣，對於肉眼看不到的小型生物則是興趣缺缺，所以他才會如此強調外觀上的多樣性，肉眼看不見的多樣性則選擇忽略。

然而，邁爾的主張並沒有隨著時間消散、淡去。即使在現代的日本，還是經常可以聽到與邁爾相仿的意見，例如人類或哺乳類為「高等」生物，變形蟲或細菌是「低等」生物等。這些說法追根究柢，應該就跟邁爾的思考如出一轍。

的確，就身體結構來說，人類是比細菌更複雜的生物。然而，無論是人類或細菌，打從生命誕生後，同樣歷經了四十億年的演化，所以並沒有誰演化得多、誰比較高等這回事。

細菌與古菌的個體雖小，卻能造出極大的鐵礦床、產生含氧的空氣，對地球上的其他生物造成巨大影響。各種生物不論體型大小，彼此相互作用，甚至進一步與地球磨合，終於造就出今日的生物和地球。

我們當然沒有必要整天想著細菌與古菌，但若能秉持博愛之心，用全面性的角度來思考整個生物圈……我們或許就不會再忘記，除了真核生物之外，細菌與古菌也共同生存在這個地球上吧。

1審註：細菌的不同物種或個體間，存在類似「你丟我撿」的水平基因轉移現象（某細菌掉了一段基因，後來路過的另一個細菌可能就會撿走），導致體內的基因有多少是自己或別人的，很難分析還原，也使物種觀難以定義。

2審註：本章以最廣為人知的三域系統講述真核生物和古菌、細菌的關係，並指出古菌在系統關係上甚至和真核生物比較近。近十年來的遺傳證據更進一步指出，所有真核生物只是夾雜在古菌龐雜演化支中的其中一支（隸屬TACK超門這一群古菌），與真核生物關係最近的則是洛基古菌（Lokiarchaeota）。換言之，以系統分類而言，就如文中提到人類和鮪魚關係較近，因此成為廣義的魚類，真核生物也應是古菌的一類，因此目前的遺傳證據較支持兩域系統（真核生物和古菌為一域，另一域為細菌）的假說。

第8章

植物真是長壽的生物？

隨著樹幹變粗，死亡的細胞越來越多，
樹木活著的部分會漸漸向外側移動，
並不是同一個部分永續長存。
也就是說，樹木在活著的時候，
絕大部分的身體其實都已經死亡了……

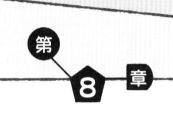

會動的植物真不少

在前一章，我們提到動物與植物不過是生物界中極微小的一部分。只是，人類既屬於動物，凡事總會以動物為中心進行本位主義的思考，某種程度上似乎也是難免的事。

除此之外，動物能否生存，植物也扮演著極關鍵的角色。甚至可以說，動物製造身體的材料、活動所需的能量等，源頭都來自於植物。

動物與植物絕對是人類身邊最常見的生物，在這一章裡，我們就把焦點放在植物身上多聊一些吧。

說到植物，一般人的既定印象是不會動的生物。其實，會動的植物還真不少，當中很知名的一種就是捕蠅草【圖8－1】。

捕蠅草是原產於美洲的食蟲植物，葉片長得像雙殼貝，相當於貝殼的部分是捕蟲夾，邊緣有許多長長的刺毛。

兩片捕蟲夾平常是打開的，一旦有蒼蠅等獵物飛入，則會在〇．五秒內迅速地收合起來，這時兩片捕蟲夾之間還留有空隙，蒼蠅可以在裡面活動。不過，捕蟲夾上的刺毛就像監獄的柵欄一樣，蒼蠅會被困住而無法逃脫，接著捕蟲夾便越關越緊，把蒼蠅密不通風地緊緊包住。

【圖 8-1 捕蠅草】

最後，捕蠅草會分泌富含鹽酸的消化液，吸取蒼蠅的養分。大概十天之後，捕蟲夾才會重新打開，將消化殆盡的蒼蠅屍骸丟棄，繼續等待下一個獵物。

那麼，捕蠅草是怎麼知道有蒼蠅上門呢？兩片捕蟲夾的內側，各自長了三根感覺毛，蒼蠅若是在二十秒內碰觸到感覺毛兩次，捕蟲夾就會收合起來。

碰觸一次就關閉的話，有可能只是葉片或其他東西剛好掉進去，為了避免誤夾，才會需要碰觸兩次。

被關起來的蒼蠅企圖找縫隙逃脫，在牢籠中來回亂竄，於是不斷碰觸到感覺毛，而捕蟲夾受到這樣的刺激之後，也就越關越緊了。

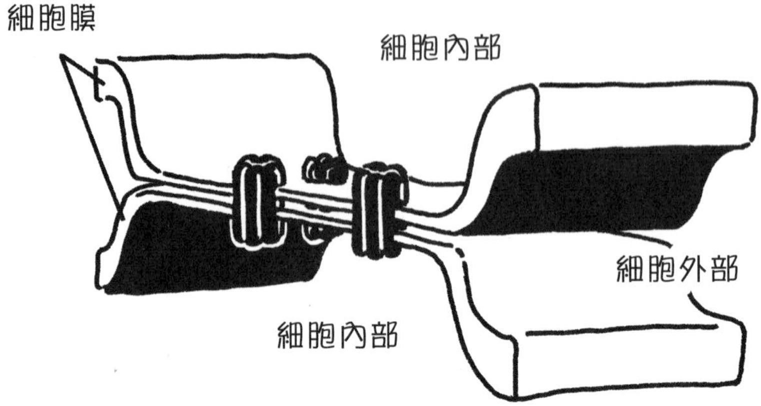

【圖 8-2 間隙連接】

植物有神經或情緒嗎？

蒼蠅等昆蟲只要碰觸到捕蠅草的感覺毛兩次，捕蟲夾表面的細胞就會迅速膨脹，捕蟲夾於是收合了起來。捕蠅草是靠電將訊息從感覺毛傳遞給表面細胞，所以有些人認為植物也有神經，因為動物的神經也是靠電傳遞訊息。

不過，會用電傳遞訊息的動物細胞，並非只有神經細胞。例如，動物皮膚表面的上皮細胞，可利用細胞膜上以蛋白構成的管狀構造相互連接，形成所謂的間隙連接【圖8－2】，其最大特徵是細胞之間有著極微小的間隙（縫隙）。以間隙連接方式相連的上皮細胞，可以迅速與相鄰的上皮細胞交換訊息，此時使用的也是電訊號。許多細胞都是透過電傳遞訊息，神經細胞只是其中之一。不過，神經細胞傳遞電訊號的速度非常快，是一種相當特殊的細胞。

所以，不能因為植物同樣會利用電訊號，就認為植物也有神經。

說到這裡，我想聊聊關於植物也有情緒這件事。

距今約五十年前，有一本談論植物有情緒的書在英國出版，而且十分暢銷。這本書的作者因為偵測到植物表達情緒的電訊號，於是提出這樣的主張。不過，電訊號是一種廣泛運用於生物界的傳遞訊息手段，而且並非神經或集神經之大成的腦部專用，再加上該書作者介紹的研究內容，有許多都是杜撰，可信度並不高，因此完全無法做為植物也有情緒的證據。

發抖——
想像自己
變成蒼蠅，
飛進了捕蠅草裡……
絕對逃不掉
吧……

世界上最古老的樹

暫時換個話題，日本屋久島上的杉樹，向來以長壽聞名。例如名為「繩文杉」的這棵巨樹，高度達二五・三公尺，根據樹幹的直徑（五・一公尺）來推測，樹齡大概有七千兩百年之久。不過，就算是同一種樹，每棵樹的樹幹變粗的速度也大不相同，因此這個數值的可信度並不高。

繩文杉的中心是個空洞，從其內側採集的木材經過碳14放射性元素（見114頁）的測定，得出它生成的年代是兩千一百七十年前。由於被測定的木材並非取自樹幹的正中心點，因此繩文杉的實際年紀應該會更大吧？只可惜已經無從得知。

繩文杉附近還有一棵「大王杉」，比繩文杉略為矮小（高度二四・七公尺，直徑三・五公尺），經由碳14放射性元素測定後，推斷其年齡超過了三千年，這也是日本目前已知最古老的樹木。

世界上還有比大王杉更古老的植物，就是生長於美國海拔兩千～三千公尺高地的刺果松，高度三公尺、直徑約二公尺，還稱不上是巨樹。其中一棵名為「瑪士撒拉」（Methuselah）的刺果松，根據二〇一〇年代初期的測定，樹齡高達四千八百四十五年。

在此之前，號稱最長壽的植物是名為「普羅米修斯」的這棵刺果松，它在一九六四年被砍倒，當時的年紀是四千八百四十四歲。根據二〇一〇年代的檢測結果，我們知道了瑪士撒拉比普羅米修斯大上一歲，而且依然活著，看來長壽紀錄還會繼續被打破。

在此要提醒大家，剛才所說的植物壽命，並不是平均壽命。舉例來說，能像繩文杉或大王杉如此長壽的杉樹，可說是微乎其微。屋久島上也有許多生長約一～二年的杉樹苗，但絕大部分都在幼苗階段就凋亡了。不，想必還有很多是來不及長成幼苗便死去。能像繩文杉或大王杉長得如此高大的杉樹，千年之中不過寥寥幾棵。因此，杉樹的平均壽命應該不超過一年，由此看來，人類反而比杉樹更長壽。

—如何測量植物的年齡？—

接著要簡單說明一下測量植物年齡的方法。碳是製造生物體的主要原子，自然界中有三種不同的碳，這些碳的原子核中都有六個質子，中子的數量則分別有六到八個。像這種質子個數相同、但中子個數不同的原子，稱為同位素。在碳的同位素之中，數量最多的是碳12（質子與中子合計為12），具有六個中子。地球上的碳有九十九％都是碳12；數量第二多的是碳13，約占1％。

碳14的數量十分稀少，而且有別於其他兩種同位素，還具有放射性。所謂的放射性是指能釋出放射性物質，進而轉變為不同的元素。碳12或碳13的性質相當穩定，經過再久都不會產生變化；碳14則會釋出放射性物質，同時漸漸轉變為氮14，也就是說，碳14會隨著時間慢慢減少。碳14衰變至原本一半含量的時間，固定都是五千七百三十年，這就是碳14的半衰期。而利用碳14，便可以測定死亡生物的年紀。

什麼都不做的話，照理說碳14應該會越來越少，但自然界中的碳14含量卻一直沒什麼改變，這是因為地球的大氣層不斷在製造碳14。當宇宙射線穿過大氣層時，會與氮14撞擊產生反應，氮14於是就轉變成了碳14。

植物會行光合作用，也會呼吸，此時活著的植物是以二氧化碳的形式從空氣中攝入碳，也將碳釋出到空氣中。碳就這樣在空氣與植物之間不斷循環，因此植物中的碳14含量比例會與空氣相同（附帶一提，動物體內的碳14含量比例也與空氣相同，因為動物會直接或間接地食用植物維生）。

不過，植物死亡（枯萎）時就不同了。死掉的植物不再行光合作用或呼吸，植物體內的碳也不再與外界循環交流，碳14的含量比例會開始慢慢衰退。因此，我們只要檢測死亡生物中的碳14含量，就能知道該生物已經死亡多久，這就是以放射性碳測定年份的方法。

而美國刺果松的年紀，是以樹輪年代學的方式推測而得，這可不只是一門數算樹木年輪的學問而已。

樹木的年輪寬度並不是固定的。即便同為夏天，也有可能今年偏熱、前年偏冷，有些年雨量多、有些年雨量少，年輪的疏密會因氣候的變動而有所差異。因此，只要調查年輪的寬窄型態，即使只有一部分，也能正確判斷出它的生長年代。

除了活著的樹木，從考古遺跡等挖掘出來的樹木，只要年輪圖譜能銜接起來，有時甚至可以回溯至一萬年前左右，建立起樹輪指標年表。刺果松的樹齡就是以這種樹輪年代學的測定方式，推算出正確的年紀。

每種生物都有自己的度量衡

相較於動物，有些植物可以活得非常久，為什麼會這樣呢？

樹幹中有導管或假導管，主要是運輸水分，同時也有篩管，主要是運輸光合作用製造的有機物，這些都是由大量細胞串連而成的管狀物。不過，植物細胞的外側也包覆著堅韌的細胞壁，因此細胞若只是相互串連，彼此之間並無法流通水分或有機物。

篩管在與鄰近細胞相連的細胞壁上開了許多小孔，可以藉此流通物質。開了許多小孔的細胞壁看起來就像個篩子，因此稱為篩管。光合作用生成的有機物會穿過小孔進入隔壁的細胞，並融入該細胞，接著再穿過小孔，又融入下一個細胞，如此反覆進行以運送物質。

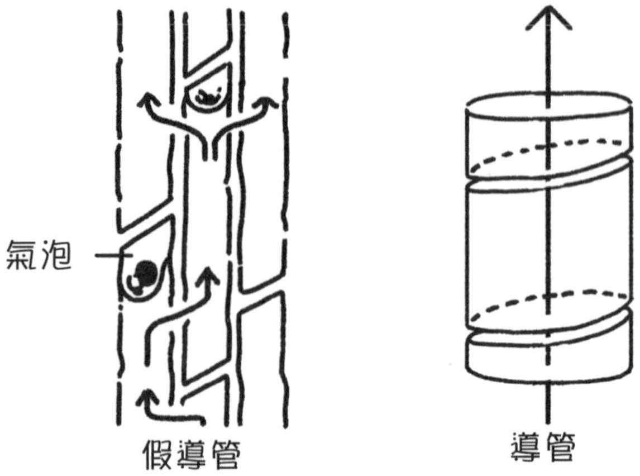

【圖 8-3 導管與假導管】（改自《植物為何能活五千年》（鈴木英治／講談社）

經過計算，要以光合作用生成一克的有機物，必須從根部往葉片輸送二五〇克的水。不同樹種所需的數量不盡相同，但可以確定的是植物要製造有機物，就得運送大量的水。

因此，導管或假導管的細胞都是中空的，也就是死掉了，才能夠運送大量的水分。導管的構造是細胞上下都開了孔，大量細胞互相串連，最後形成一整根管狀物；假導管則是左右側開孔，水分就在這許許多多的細胞內蜿蜒前進【圖8-3】。

就像這樣，樹木裡有大量的死亡細胞，隨著樹幹日漸變粗，死亡的細胞也越來越多。樹幹一旦變粗，就會阻塞中心處的導管或假導管用以輸送水分的孔洞，水分無法順利輸送，也不容易腐爛。此外，樹幹中心也會生成大量的單寧等物質，以防止蟲或菌類繁殖。

【圖 8-4 邊材與心材】

之後，導管或假導管周圍原本活著的細胞跟著死亡，中心部位終於都只是死掉的細胞。這個死亡的部分稱為心材，周圍還活著的部分（其中也有導管或假導管這種死亡的細胞）則稱為邊材【圖8-4】。心材的主要功能是支撐樹木，即便已經死亡，仍繼續為活著的部分盡心盡力。

隨著樹幹變粗，邊材緩緩向外側挪移，心材則是越來越粗。所以，即使將樹木砍倒，樹木也不會有什麼變化，因為在它活著的時候，體內的絕大部分其實都已經死亡了。

壽命再長的樹木，活著的部分都會漸漸向外側移動，並不是同一個部分永續長存。因此就算是活了好幾千年的刺果松，細胞的壽命也只有三十歲左右。從這個角度來看，植物算得上是長壽的生物嗎？這就見仁見智了。

【圖 8-5 石炭酸灌木叢】

生長於美國莫哈韋沙漠（Mojave Desert）的石炭酸灌木叢（creosote bush），據說已活了一萬一千七百年，如果屬實就是刺果松的兩倍以上了。從一顆種子發芽生長的石炭酸灌木叢，枝葉朝外散布、根部往下延伸，呈同心圓狀不停生長。隨著枝葉擴散，中心的老舊樹幹逐漸枯萎，實際的植物本體未達千年就枯死了，但枝葉與根仍不斷延展，生意盎然。

長壽的石炭酸灌木叢，即使中心處的植物本體早已歸天，卻仍以形似甜甜圈的繁茂樣態好好活著【圖8－5】，這也算是發芽後不斷生長的同一植物個體嗎？

有些樹木中心處的心材雖然已經死亡，卻不會腐爛，活著的就只有周圍的邊材。從這一點來思考，不把石炭酸灌木叢視為不斷生長的同一植物個體，似乎有點說不過去。只是，一旦認定它是同一植物個體，那麼以插枝方式培植的植物，又該如何定義呢？

將樹枝折下來，插進土裡，只要樹枝生出了根，就能長成一棵新的樹木。這種利用插枝繁殖的植物，既然原本就屬於某個植物的一部分，說它與原先的植物是同一個體，似乎也行得通。但如此一來，植物不就等於長生不死了？

認真去思考這些事或許沒什麼意義，但我們可以確定的是，生物豐富的多樣性，實在令人歎為觀止。事實上，我們根本無從比較人類和植物的壽命哪一個更長，畢竟這世上的萬事萬物，並非都能以人類的尺度來衡量。

每種生物都有
自成一套的度量衡……
我們一不小心，
就會只以人類的視角
來看待萬物呢。

第9章

為了陽光，植物越長越高

光合作用主要是利用太陽光，長得高當然較為有利，
於是植物也成了努力長高的生物。
不過，樹木是怎麼把水分輸送到那麼高的樹頂呢？
植物中的高個兒又為何多是裸子植物？

——光合作用是能量的源泉——

前一章，我們聊了會動的植物，以及活得很久的植物。在這一章裡，我們要談談植物更大的特徵——光合作用。

從兩個面向來看，生物要存活，就必須有能量：

第一，因為生物屬於耗散結構。生物或瓦斯爐火焰之類的耗散結構，都必須不斷地吸取能量，才能長時間維持固有的外形。

第二，因為生物需要活動。植物雖然不太動，但若將生長及化學反應也視為一種活動，那麼連植物也是持續地活動著。

換句話說，生物為了維持外形、持續活動，就得有源源不絕的能量。

那麼，生物是如何獲得能量呢？

就拿燃燒木柴來說吧，木柴燃燒時會釋放熱量，燃燒是一種與氧急速結合產生的反應，可以寫成反應式如下：

木柴　＋　氧　→　反應生成物（二氧化碳等）　＋　能量　（一）

木柴源自樹木，樹木是生物，因此是一種有機物。有機物的主要成分是碳（C），若以C表示碳、以O_2表示氧，反應式就變成了：

$$C + O_2 \rightarrow CO_2 + 能量 \quad （二）$$

但是，有機物的成分並非只有碳，以C來代表恐怕稍嫌籠統。而且以反應式（二）來說，有機物中的碳看似孤立，實際上這是與其他原子結合而成的分子，所以反應式（二）與真正的木柴燃燒反應略有不同。

不過，只要理解以上這兩點，明白反應式（二）是將現實加以簡化的產物，我們就不妨趁便使用吧。

生物獲得能量最具代表性的方法是呼吸氧氣，把呼吸氧氣這件事加以簡化，就能和燃燒一樣，以反應式（二）來表現。當然，在生物體內並不是用一把大火燒了有機物，而是緩緩地進行反應，但基本架構如同燃燒，都是將有機物氧化為二氧化碳時產生能量。

所謂「把～氧化」，比較正確的說法是「從～奪取電子」，也可以想成是「將～與氧結合」。某個原子與氧原子結合後，該原子的部分電子就會被氧原子拉走。

「把～氧化」的相反就是「把～還原」。就像「把～氧化」一樣，「把～還原」正確的說法是「將電子給～」，在這裡我們可以想成是「從～把氧拿走」。

生物要活著，就需要有機物，亦即將有機物氧化以獲得能量。包括人類在內的動物，都無法自行製造有機物，必須吃掉其他生物才能獲得。植物則能自行製造有機物，利用太陽光的能量將二氧化碳（CO_2）還原，製造有機物（C），過程中則會釋放不要的氧（O_2）。

這個稱為「光合作用」的現象，剛好與反應式（二）相反，形成反應式（三）（實際上的光合作用過程更為複雜，氧並非直接由二氧化碳而來，而是將水氧化所產生，在此則將過程簡化）——

光能量　＋　CO_2　→　C　＋　O_2　（三）

製造有機物的方法，並非只有光合作用，也有生物是透過化學合成來製造。例如產甲烷菌，是生存在陽光照射不到的深海熱水口，會利用從海底噴出的熱水和來自岩石的氫還原二氧化碳，而不是利用太陽光。

不過，生物獲取的能量絕大多數都來自光合作用，現今地球上的生物之所以能夠繁衍興盛，都要拜光合作用所賜。

葉綠體就像是混血兒

植物的光合作用是由細胞中的葉綠體執行。葉綠體最初是由藍綠菌（cyanobacteria，屬於細菌）這種生物進入綠藻（真核生物）細胞中與之共生而形成[1]，之後部分的綠藻便在細胞內帶有葉綠體的狀況下演化成了植物（真核生物）。因此，有人認為植物的葉綠體原本是藍綠菌，但這個說法，原則上來說很可能是對正確的事物產生了誤解。

我們來想想吧，假設藍綠菌進入植物祖先的真核細胞（真核生物的細胞）中開始共生，那會發生什麼事呢？真核細胞中的藍綠菌是由蛋白質、脂質、遺傳物質（ＤＮＡ）等構成，當真核細胞分裂產生下一代，藍綠菌的蛋白質、脂質等總量，應該也會減少才對。

儘管如此，藍綠菌只要有遺傳基因，就能在真核細胞中製造新的蛋白質與脂質，這樣一來，藍綠菌便能繼續以原本的身分存活，維持共生的狀態。

然而，現今的說法卻是：藍綠菌的大多數遺傳基因都離開了藍綠菌本體，進入真核細胞的細胞核中，與真核細胞的遺傳基因合為一體。而藍綠菌中的ＤＮＡ只剩下原有的十分之一左右，所以藍綠菌已經無法離開真核細胞獨自生存。但只要細胞核中有藍綠菌的基因，藍綠菌就能在真核細胞中繼續活著。

這聽起來似乎頗有道理，但在實際調查過後，真核細胞中貌似能夠製造藍綠菌（亦即葉綠體）的遺傳基因，全都不是藍綠菌的基因。絕大部分的遺傳基因都屬於真核細胞，甚至還有不少是屬於非藍綠菌的其他細菌。

以人類來說，當父母或祖父母是外國人時，他們的孩子或孫子就有可能遺傳到二分之一或四分之一的外國血統，稱為混血兒。葉綠體就像是混血兒，它並非藍綠菌的純種子孫，也混雜了其他細菌或真核生物的基因。

此外，若從以ＤＮＡ建構的演化樹來看，葉綠體的主要祖先不見得是藍綠菌，也有可能是藍綠菌的祖先。藍綠菌也有各個種類，而開始與真核細胞共生的，說不定是比各種藍綠菌的共同祖先在更古老的年代就已分支出去的細菌。或許有人會想：管它是藍綠菌、還是藍綠菌的祖先，反正都差不多吧？然而，藍綠菌與藍綠菌的祖先是不一樣的生物。你的祖先是魚，你卻不是魚，所以你和你的祖先並不一樣。

葉綠體似乎不只是藍綠菌與真核生物的共生產物，畢竟中間混雜了各種遺傳基因，實在難以釐清。其中有一項可能性是：遺傳基因透過病毒等轉移到了其他種類的生物，而引發了水平基因轉移（親傳子稱為「垂直」基因傳遞，傳給親子關係以外的其他個體則稱為「水平」基因轉移）。演化，著實是一種相當複雜且充滿活力的現象。

──水分要如何輸送到樹頂？──

既然光合作用主要是利用太陽光，長得高當然較為有利，因此植物也成了努力長高的生物。日本最高的樹木是京都花脊的「三本杉」[2]其中一棵，高度有六二．三公尺。說起來，在都會中見到巨樹的機率，似乎比在深山裡還要多。這雖然有點意外，但仔細想想，比起野生動物，動物園內飼養的生物似乎也較為長壽。樹木和人類都一樣，受到適切的管理照料，壽命就會更長，京都花脊的三本杉也是峰定寺內的高齡神木。

世界最高的樹是美國加州的紅杉（sequoia），高度有一一五．五公尺。對於植物竟能長得如此高大，一直以來都令人不可思議，想不透水分是如何運送到這麼高的地方。

最容易想到的方法是利用大氣壓力將水分往上輸送。把杯子丟進水裡，讓杯中充滿水，接著將杯子倒放，位於上方的杯底便朝著水面的方向浮起。仔細觀察，會發現杯中的水面比杯外的水面高，這是因為杯外的水面受到大氣擠壓，而這個擠壓水面的力量稱為大氣壓力。大氣壓力很強，若改以細長的杯子做同樣的實驗，杯中的水面甚至可高達一〇．三公尺。

只不過，高度超過十公尺的樹木比比皆是，有些樹木的高度甚至超過一百公尺，要靠大氣壓力將水輸送到這麼高的樹木頂端，恐怕是難以做到。

裸子植物為何都是高個兒？

事實上，樹木將水分往高處輸送的方法有好幾個，其中最重要的關鍵就是水的內聚力。

水分子是由兩個氫原子及一個氧原子結合而成，形狀恰好類似米老鼠的頭部【圖9－1】，耳朵的部分是氫原子，臉的部分是氧原子。氫原子所帶的電子會有幾個被氧原子拉走，因此水分子在米老鼠耳朵的部分帶有稍多的正電，臉的部分則有稍多的負電。就整體來看，水分子由於正負電相抵，所以不帶電，只是正電與負電的分布各據一方。

因此，水分子與水分子的正電及負電會相互吸引、結合，這種水分子彼此之間的吸引力稱為內聚力。內聚力的作用很強大，裝在毛細管中的水，理論上能往上升高到四五〇公尺。因此當樹葉的水分蒸發時，基於水分子的相互吸引力，就會把底下的水往上拉起來[3]。

不過，要透過內聚力把水從底下拉曳到樹梢去，毛細管中的水必須上下連成一氣，不可間斷。水柱若是從中截斷，上方的水就無法繼續牽引底下的水了。

這對植物來說是一大難題，因為實際上水柱是有可能被截斷的。例如結冰時，原本溶於水的空氣無法進入冰晶而被擠壓出去，於是在冰柱中留下了空氣泡泡（氣泡）。當冰溶化回復成水時，這個氣泡會被留下來，水柱便因此斷開了。

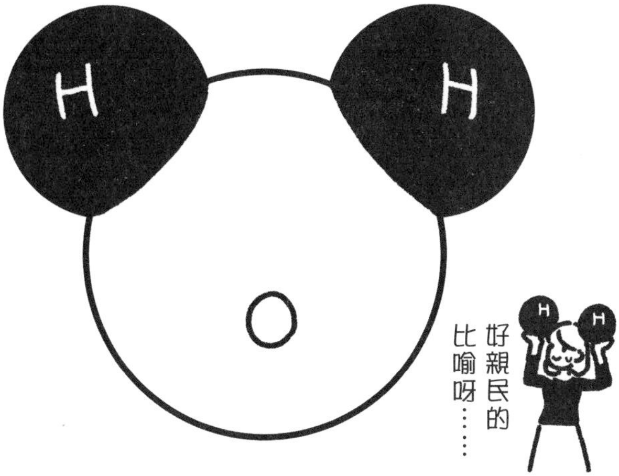

【圖 9-1 水分子】

這裡大致說明一下植物的分類。植物可以簡單分成苔蘚植物、蕨類植物和種子植物三大類，其中的種子植物又可再分成裸子植物及被子植物。就演化上來說，最晚出現的是被子植物，目前種類最多、最為繁盛的也是被子植物。

不過，高個兒植物通常都是裸子植物而非被子植物。例如前面介紹過的世界最高植物紅杉、日本最高的杉樹等都是裸子植物，而這是有原因的。

為了將水分向上輸送，大多數的被子植物都是利用導管。前一章曾提過，導管的細胞是中空的，上下有開孔，就像一根管子。

而裸子植物大多是利用假導管來送水。假導管的細胞同樣也是中空，大量的細長細胞聚集一處，每個細胞的左、右邊都開了孔，水分就經由這些橫向開孔在眾多細胞內蜿蜒前進。

導管長得既粗又直，可以運送大量水分，但長得粗的導管也容易產生氣泡，一旦出現氣泡就失去作用。相對地，假導管是細長的，水分必須在其中蜿蜒前進，雖然能運輸的水分較少，但也因為細胞較細窄，不易產生氣泡。加上送水的通道有好幾個，就算偶而出現氣泡，假導管還是能夠繼續使用。

假導管的性能雖然不及導管，卻有較高的穩定性。個子高的樹木需要較多的時間生長，運輸水分的管道也比較長，所以比起性能好的導管，穩定性高的假導管反而更為合適。這也是巨樹大多為裸子植物的原因。

演化不等於進步。被子植物出現的時代晚於裸子植物，並不表示它比較優秀。兩者各有所長，亦各有所短。

---

1 審註：這個假說稱為「內共生假說」。
2 譯註：位於京都市左京區花脊的大悲山國有林地，三棵杉樹的樹根相連。
3 審註：生物學上稱為「蒸散作用」。

植物是個子最高的生物呢。
世界最高的紅杉，身高超過115公尺。
它的名字是亥伯龍！
太酷了……

第10章

動物有分前與後

對於奔跑的狗或游動的魚，
我們一眼就能分辨出哪邊是前面。
這是為什麼呢？是因為有眼睛的地方就是前面嗎？
我們是看到動物的哪個部分，才會認為那就是前面？

——哪裡是動物的「前面」？——

人類屬於動物，既是如此，那麼動物自然是我們身邊最常見的生物了。動物的特徵之一，就是有前也有後。植物沒有所謂的前、後，但只要見到狗或魚，我們立刻就能分辨出他們的前面或後面。

不過，什麼是前面呢？我們是看到動物的哪個部分，才會認為那就是前面？

動物是會動的生物。雖然也有像藤壺這種終生固著於物體上，幾乎不動的動物，但絕大部分的動物都會動。那麼，會動的部分就是前面囉？

沒錯，這個答案是正確的。會動的部分就是前面，但不只是如此而已。

對於奔跑的狗或游動的魚，我們一眼就能看出哪邊是前面；就算狗或魚停了下來，我們也還是能分辨。這是為什麼呢？是因為有眼睛的地方就是前面嗎？

可是，對於沒有眼睛的深海魚，我們同樣可以立刻分辨出哪裡是前面。既然沒有眼睛，我們又是如何分辨的？

要解答這個疑問，我們先稍微改變一下視點，從動物的受精卵成形的過程——亦即動物是如何誕生的——來思考吧。

—不是找眼睛，而是看嘴巴—

當卵子與精子受精的那一瞬間，動物便誕生了。卵子與精子分別只是細胞，沒有能力長成一個完整的動物。但是，卵子與精子結合之後的受精卵，卻有能力變成一個動物。因此，我們的人生，就是從受精卵開始的。

人類屬於多細胞生物，但每個人最初都是稱為受精卵的單細胞生物。受精卵展開細胞分裂後形成的發育初期生物體，稱為胚胎。至於發育到哪個階段為止可以稱為胚胎，目前尚未有明確的界定，但直到能對外攝食之前，多半都稱為胚胎。胚胎的發育方式因物種而異，我們就來看看最典型的動物發育形式吧【圖10－1】。受精卵展開細胞分裂沒多久，胚胎內部就會形成一個充滿液體的腔室，稱為囊胚腔，這個時期的胚胎稱為囊胚（blastula）。

在發育時期，腔室十分重要。以房間翻修為例，假如屋裡從地板到天花板全都塞滿了東西，沒有任何空間可以移動物品，就無法進行裝修了；若還有其他空間，便能把東西先搬移到這裡，等原先的地方裝修好，再把物品移回。不斷重複這樣的步驟，即可順利將房間裝修完畢。胚胎也是一樣，內部有個空間，細胞就能靈活地移動，並塑造出各種形態。

之後，囊胚的表面會有一個地方朝胚胎內部凹陷，這個時期稱為原腸胚（gastrula），往內凹陷的管狀稱為原腸，凹陷處的開口稱為胚孔。

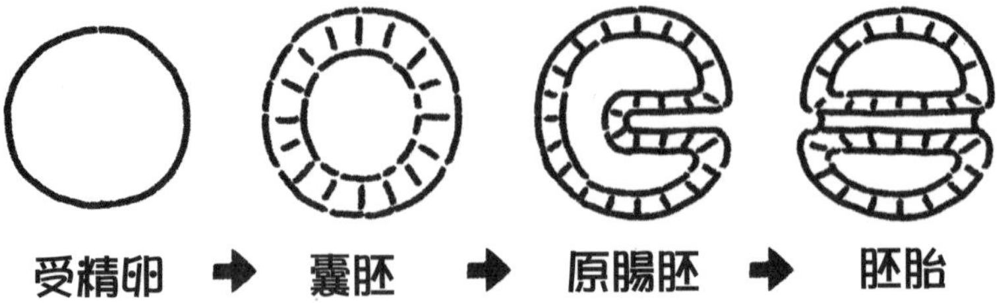

【圖 10-1 單純化的動物發育】

原腸持續運動，最後抵達胚胎另一端的細胞層，在細胞內開出一條孔道，整個細胞看起來就像中央貫穿的球形，這個階段稱為胚胎，開出的孔道則成了消化道【圖10－2】。

動物不像植物可以行光合作用，因此得攝取食物，而且吃下的食物要進入消化道以便吸收。但動物若靜止不動，食物是不會自行進入消化道的，所以動物勢必要活動。

活動的方向有兩個——消化道的兩側都有開孔，所以朝哪一邊動都行。即使都是動物，有的會朝胚孔的方向運動，有的則是朝相反的一端運動。不論朝哪一邊動，食物都是從消化道的一端進入，再從另一端出去，進入的孔洞稱為口部，出去的孔洞稱為肛門。因此動物又可分成兩類：胚孔成為口部的原口動物，以及胚孔成為肛門的後口動物。

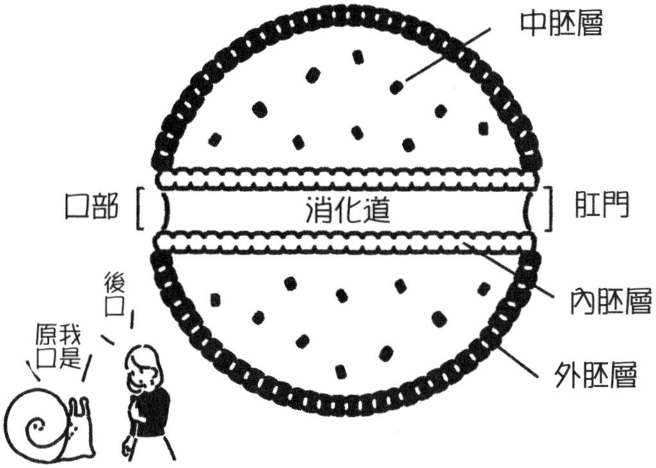

【圖 10-2 消化道】

人類是後口動物中的脊索動物之下的脊椎動物。脊索或脊椎都是貫穿身體的棒狀構造，兩者相異之處在於材質——脊索是由有機物構成，脊椎是由骨骼構成。包括魚類、兩棲類、爬蟲類、鳥類、哺乳類，都是脊椎動物，而人類就屬於哺乳類（附帶一提，脊索動物中不屬於脊椎動物的有海鞘等尾索動物、文昌魚等頭索動物）。至於蝦、蟹、昆蟲等節肢動物，以及章魚、花枝、蛤蜊、蝸牛等軟體動物，則屬於原口動物。

動物要活動，是為了讓食物進入消化道。食物的入口處有嘴巴，因此稱這裡是前面；換句話說，有嘴巴的地方就是前面。這就是為什麼動物即使靜止不動，我們也能分辨出它的前與後。不是眼睛，也不是鼻子，而是有嘴巴的部分才是前面。

身體除了前後，也分內外

先前提過，動物身體的基本構造，就像一個中央有消化道貫通的球體。這種結構可以將動物的身體分成兩個部分：身體的外側和身體的內側（消化道）。外側的部分稱為「外胚層」，內側的部分稱為「內胚層」。此外，原腸經由細胞分裂而生成的細胞，若是移動到外胚層與內胚層之間，則稱為「中胚層」。

這三個胚層會各自分化形成各種器官，像是內胚層就發育出消化器官。不過，人類的消化道並非單純只是一個管道，其中有一部分會膨脹成袋狀，而且不只一個【圖10-3】。這些袋狀物稱為消化腺，例如唾液腺、肝臟、胰臟等，都是由內胚層發育而成。

此外，用於呼吸的器官如肺臟，也是由內胚層分化而成。肺臟雖然與消化功能無關，但同樣是與消化道相連的袋狀物，因此才會有食物誤入（與肺相連的）氣管，造成氣管阻塞的意外狀況（誤嚥）。

由外胚層發育長成的是表皮。這也是理所當然，畢竟外胚層就位於身體的最外側。感覺器官、神經等也幾乎是由外胚層形成。感覺器官的功能是獲取外界的訊息，負責傳遞及處理這些訊息的神經則與感覺器官相連，或許是因為如此，才會由外胚層負責生成。

中胚層則是負責生成肌肉、骨骼及血液相關的器官。體型較大的動物，需要骨骼來支撐

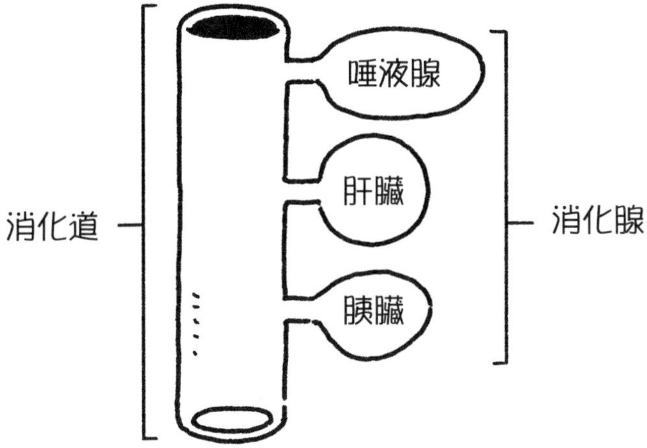

【圖 10-3　消化道與肝臟、胰臟】

身體或協助活動，之所以由中胚層形成骨骼，想必和動物的身體變大有關。此外，體型變大與血液的流通也是密切相關。

動物是多細胞生物，所有細胞都需要氧氣與養分，身體若是小小的，或是面積大卻薄如地毯，要輸送氧氣與養分就容易多了。

各位可以試著在水中滴入一滴墨水。滴下來的墨水會暫時聚集在剛落下的地方，再漸漸朝周圍散開，這不是因為風吹或水晃動，而是分子或原子本身的熱運動所造成。因此，再怎麼小心不讓水晃動，也無法阻止墨水在水中散開，這種物理現象稱為擴散。

假如動物的身體既小又薄，身體表面所吸收的氧氣與養分，利用擴散就能送達身體的最深層。但是，這個方式對體型較大的動物就不可行了，擴散雖然不會停止，速度卻很慢，身體深層的細胞遲遲等不到足夠的氧氣與養分，最後只好死亡，這樣大型動物是活不了的。

這該怎麼辦呢？也只有盡力設法將氧氣與養分輸送到身體的最深層了。身體於是生成了血管，讓血液在其中流動，再透過心臟的幫浦作用，硬是將血液輸送到最深層，而血液中運載的正是氧氣與養分。

— 動物一定會左右對稱嗎？—

前面簡單說明了動物是什麼樣的生物，這些說明可以套用在大多數的動物身上，但無法涵蓋所有的動物。事實上，目前的說明只適用於左右對稱，身體可分為外胚層、中胚層、內胚層的三胚層動物。一提到動物，人們聯想到的幾乎都是這樣的動物吧？先前列舉的脊椎動物或節肢動物、軟體動物，都是屬於三胚層的左右對稱動物。

大致上來說，動物可以分成左右對稱動物和非左右對稱動物。

人類的身體大部分都是左右對稱（也可說是相稱）——右手與左手、右眼與左眼等。不過，人類的心臟只會在左邊或右邊（大多數人是在左邊），胃、肝臟的形狀顯然也不是左右對稱。但就整體來看，左右對稱動物的身體，大致都是對稱型態；能夠明顯分辨出前後的，也只有左右對稱動物。

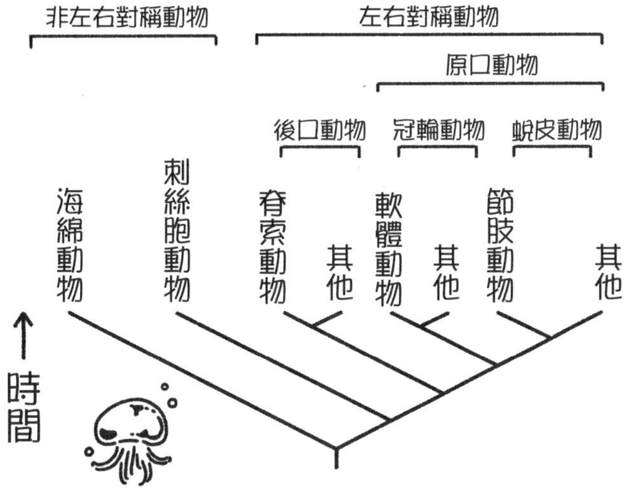

【圖 10-4 動物演化樹】

不過，也有非左右對稱的動物，海綿動物就是一例。去海邊時，我們常會在岸邊見到類似海綿的褐色生物，這就是海綿動物（當然，它們都已經死掉了）。海綿動物有各種形態，最典型的是壺形，固著在海底生活。壺形的外壁上開了許多小孔，能對外吸取水和養分進入壺中，最後再把水從壺上方的大孔吐出。

海綿動物的身體沒有分成外、中、內等胚層，形貌也不盡相同，因此沒有歸類在左右對稱動物中。

除了海綿動物，知名的非左右對稱動物還有包括水母、海葵在內的刺絲胞動物。或許有人曾在海邊游泳時被水母螫過，水母的觸手上有小刺，會以此螫刺動物，這個帶有毒性螫刺的細胞就稱為刺絲胞。【圖10—4】所展示的，就是簡化版的動物演化樹（演化過程）。

沒有更高等，只有多樣化

在目前存活的各種動物中，海綿動物被認為是比較近似初期的動物。海綿動物的身體既沒有分出胚層，身體也沒有演化成左右對稱的結構，甚至沒有神經細胞與肌肉細胞。雖然海綿動物有別於其他動物而走上了演化歧路，如今也已歷經好幾億年的演化，因此不會與初期動物完全相同，頂多就是比較相似。可以確定的是，海綿動物算是祖先級的動物，但人們常把海綿動物誤解為低等動物，這種區別就沒有意義了。

有一家長年堅守傳統口味的和菓子老店，以及一家經常推陳出新、產品總是蔚為話題的新潮西洋甜點店，哪一家的生意比較好、哪一家能夠長久經營下去，探究這些問題是有意義的（能否找出答案則另當別論）；至於哪一家比較高級、哪一家比較低級，討論這些就沒有什麼意義了。

之前在第七章提過的古菌與細菌問題，對動物來說也是相同的道理。追根溯源，動物（亦即所有生物）都是大約四十億年前生物的子孫，大家同樣歷經了四十億年的演化，而走到了今天。因此沒有哪種生物更加進化、哪種生物演化較少，也沒有哪種生物比較高等、哪種生物比較低等的高下優劣之分。

重點不在分出高下，
而是種類要多樣化……

……這樣會變胖喔？

第11章

人類的行走方式是個大問題

除了人類，沒有任何生物是直立二足行走。
這種獨特的走路方式和其他以二足行走動物的差異，
在於頭部的位置——
靜止不動時，頭部是位於雙腳的正上方。
而它雖然有其優勢，卻也有著致命的缺點……

兩大特徵，促成了人類的誕生

我們稱野狼、鹿等為「獸」，在日文中「獸」的原意是「長毛的生物」，大致上是指哺乳類。奇妙的是，人類也是哺乳動物，卻沒有被歸於獸類。人類身上的毛髮很細，毛量卻非常多，比裸鼴鼠、大象之類的動物更多，卻不屬於獸類。

人類顯然就是動物，但是我們平常言談中提到的動物，多不包含人類在內。看來人類果然自認為與其他動物有所不同。

人類真有這麼與眾不同嗎？我們不妨具體地思考一下。人猿是猴類的一種，一般的猴類都有尾巴，人猿卻沒有。因此，人猿也可以說是沒有尾巴的猴類。

人猿又可再細分成小型人猿及大型人猿。小型人猿有長臂猿，大型人猿有黑猩猩、巴諾布猿、大猩猩、紅毛猩猩，以及人類（人類通常不會被包含於人猿，但就演化上來看，顯然是其中一種）。

接下來我們以黑猩猩（chimpanzee）的角度來看看其他的人猿。與黑猩猩最近緣的生物是巴諾布猿（bonobo）【圖11–1】，其次是人類，第三名是大猩猩（gorilla），第四名是紅毛猩猩（orangutan）（附帶一提，物種分歧的時間點較早者為遠緣，較晚者為近緣）。

就外表來看也是如此——越是近緣，長相越近似；越是遠緣，長相越不同。巴諾布猿和

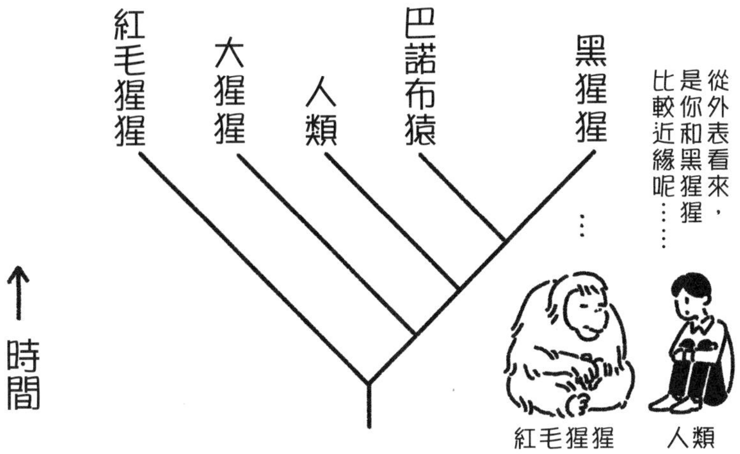

【圖 11-1　大型人猿和人類的演化樹】

黑猩猩最近緣，長相也最近似。巴諾布猿的舊稱是倭黑猩猩（pygmy chimpanzee），可見牠們有多麼相像，確實是親戚無誤。

以黑猩猩的角度來看，近緣關係居次的是人類，要勝過大猩猩或紅毛猩猩。但從外表來看，相較於人類，大猩猩或紅毛猩猩反而長得跟黑猩猩更像。

黑猩猩、巴諾布猿、大猩猩和紅毛猩猩，都是全身長滿了毛，腦容量小，不超過五百CC，一般以四足走路，還有尖牙。唯有人類不但體毛稀疏，腦容量也很大，足足有一三五○CC，而且以雙腳走路，沒有尖牙。

這麼看來，人類實在與其他大型人猿相去甚遠。姑且不論黑猩猩和人類，要比和大猩猩或紅毛猩猩更為近緣，單就外表上來說，黑猩猩和人類的模樣相差這麼多，可見人類從大型人猿分歧出來時，一定有了非常重大的改變。到底是發生了什麼事呢？

透過化石可以推測，人類的四大特徵中較早演化的項目是「以雙腳直立行走」和「失去尖牙」，這兩項幾乎是同步演化，人類的祖先也因此與其他大型人猿產生分歧。其他兩項特徵（「體毛稀疏」及「腦容量大」）則是到了較晚期才演化出來。

換句話說，隨著雙腳行走及尖牙消失的特徵出現，誕生了人類這個新的生物。只不過，雙腳行走及尖牙消失，兩者似乎沒什麼關連吧？其實並非如此，正是這兩項特徵的結合，才有了人類的誕生。

──只有人類，能夠直立二足行走──

人類以雙腳步行，正確的說法是直立二足行走，也就是軀幹（頭部及四肢之外的身體部分）直立，以兩隻腳行走。人類與其他以二足行走動物的差異之處，在於頭部的位置──靜止不動時，頭部是位於雙腳的正上方，這種狀態稱為直立二足行走。

以二足行走的生物非常多，例如雞、暴龍都是。不過雞或暴龍的頭部都無法落在下肢的正上方，因此雖然也是以雙腳走路，卻不是直立二足行走。那麼，除了人類之外，就沒有任何生物以直立的姿勢用雙腳步行嗎？

答案相當令人意外——除了人類，沒有任何生物直立二足行走。近四十億年的漫長生物演化史中，在人類出現（約七百萬年前）之前[1]，生物從未演化出直立二足行走的形態。

這真是越想越不可思議。畢竟，在空中飛行要比直立二足行走困難吧？但飛行能力已經有過四次演化，發展出昆蟲、翼龍、鳥類、蝙蝠這四個各自獨立的系統，直立二足行走卻連一次演化也沒有。直立二足行走要比飛行簡單多了，但為何不曾演化呢？

人類以外的人猿一般都是以四足行走，就算偶爾使用雙腳，頭部也不會落在雙腳的正上方。他們的腰部會向後突出、落在腳的後方，頭部則在腳的前方，因此不是直立二足行走。

—直立二足行走的生存優勢—

為什麼直立二足行走從來不曾演化呢？在思考原因之前，我們先想想吧——直立二足行走有什麼優點？關於這個問題，有各種不同的說法。

第一個說法是：可以減少太陽直射的面積。非洲大草原上的日照十分強烈，但是樹木稀少，幾乎沒有樹蔭可供休憩，非常容易中暑，而直立的姿勢可以大幅降低陽光照射到的面積。的確，以四隻腳行走時，整個背部幾乎都暴露在烈日底下，若是直立行走，就只有頭部及肩膀會照到太陽，身體相對涼快許多[2]。

第二個說法是：頭部遠離地面，會變得較為涼爽。叢林裡因為有樹木遮蔽陽光，地面其實不會太熱，但是在大草原上，太陽會直接照射地面，地面不只發燙，還會反射強烈的陽光，頭部如果遠離地面會比較涼爽。

第三個說法是：可以眺望遠方。在大草原上要避免被肉食動物襲擊，最好的方法就是儘早發現肉食動物，而身體若是直立起來，就可以看得更遠了。

第四個說法是：偏大的腦部可以從下方獲得支撐。人類的頭部相當重，跟一顆保齡球差不多，人類若以四隻腳行走，頸部的骨骼無法從橫向撐住這麼重的頭，會非常吃力，所以頭部不可能長得太大。若是直立二足行走，這麼重的頭便能從正下方獲得足夠的支撐力，走路輕鬆又穩定。人類的腦部能長得這麼大，原因之一想必是我們直立二足行走的關係吧。

第五個說法是：能源的使用效率更高。黑猩猩、巴諾布猿一天大概只能行走三公里，大猩猩與紅毛猩猩可以步行的距離更短，但人類卻能輕鬆地行走十公里以上。人類的活動力會這麼強，原因之一據說是行走相同距離時，人類消耗的能源相對較少。曾有實驗實際測量了人類與黑猩猩行走時所需的能量，人類的消耗果然比較少。

第六個說法是：空出的雙手能使用武器。

第七個說法是：空出的雙手能搬運食物。

直立二足行走時，雙手可以騰出來做步行以外的事，至於空出的雙手有什麼用途，則是

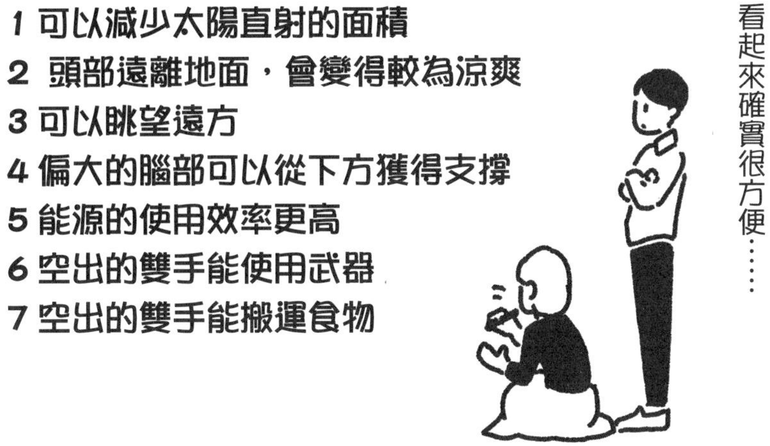
1 可以減少太陽直射的面積
2 頭部遠離地面，會變得較為涼爽
3 可以眺望遠方
4 偏大的腦部可以從下方獲得支撐
5 能源的使用效率更高
6 空出的雙手能使用武器
7 空出的雙手能搬運食物
看起來確實很方便……

【圖 11-2 直立二足行走的主要優點】

眾說紛紜，其中最有名的就是這兩種。

以上七個是最常見的說法，直立二足行走看來是個滿不錯的設計。既然如此，為何這項特徵從來不曾演化呢？

仔細想想，從第一到第三個說法，都是在炙熱的大草原上直立二足行走的好處，如果這樣最有利，大草原上的生物應該有不少都會演化成直立二足行走吧？但事實上，這樣的演化從未出現。除了人類，在大草原上生長的靈長類，像是狒狒或紅猴，都是四足行走的動物。

從近年出土的早期人類相關化石，可以知道人類最初的演化並非發生在草原上，而是在森林或樹林之類有樹木生長的環境。因此，第一～三項就無法成為人類直立二足行走的理由了。至於第四～七項，在樹林或森林裡也可以成立，其中或許就有著正確答案。

為了找出正確答案，我們必須反向思考，想想直立二足行走有哪些缺點。直立二足行走之所以不曾演化，很有可能是隱藏著極大的缺點，除非將它轉化為有利的優點，才有可能演化。既然如此，若要確認缺點被轉化為優點的這項理論，就得先思考——缺點是什麼。

──直立二足行走的致命缺點──

你站在大草原上，遠方有獅子朝著你直衝而來。你嚇得渾身發抖、陷入絕望，心想：我的人生就到此為止了吧？

但要是你跑得比獅子更快呢？或許你還會悠哉地站在原地看獅子一會兒，喃喃自語著：「哇喔，獅子一直朝這邊跑來呢，滿口尖牙好嚇人啊！」然後才氣定神閒地跑起來——朝著獅子的方向。獅子張嘴飛撲，你則輕巧地閃開獅子的尖牙，小小戲弄了對手一番後，再揚長而去。

可惜的是你辦不到。到頭來你想必是成了獅子的大餐吧？

因為跑得慢，人類面對許多動物都有著強烈的自卑感。直立二足行走最大的缺點，就是跑得很慢。想在大自然中生存，這可是一大致命傷。

人類一百公尺短跑的世界紀錄，是二〇〇九年由尤塞恩・波特（Usain Bolt）創下的九秒五八。也有意見主張，未來人類可能將這項紀錄大幅縮短至九秒，但前提是要以四足跑步。

人類以四足跑出的一百公尺短跑金氏世界紀錄（竟然有這種紀錄），在二〇〇八年是十八秒五八，到了二〇一五年縮短至十五秒七一，七年來減少了三秒，可見四足短跑在姿勢或形式上還有發展研究的空間，我們仍大有機會超越這項紀錄。只要繼續努力，相信總有一天能跑到九秒，而目前的世界紀錄保持人則是日本人Ito Kenichi（いとうけんいち）。

我不知道人類未來是否能在九秒內以四足跑完一百公尺，不過，即使是人類這種早已習慣直立二足行走的生物，的確還是能用四足快速地奔跑。由此看來，想要跑得更快，四足還是比直立二足行走更合適[3]。

也說不定，早期人類根本無法跑步——或許是腳趾太長所以不方便跑動，或許是跑動時需要運用臀部肌肉，而那時人類的臀大肌還不夠發達。因此，早期人類也有可能走路時是直立著用雙腳，跑動時仍是用四足，但目前並沒有早期人類以四足奔跑的證據，所以這樣的想法僅止於假設。此外，住在草原上的狒狒或紅猴，是靈長類中跑得非常快的動物。若無法這樣，恐怕就很難在草原上討生活了。

既然如此，人類為什麼還會演化成直立二足行走呢？除非發生奇蹟，否則直立二足行走似乎很難有演化的機會，這會是什麼樣的奇蹟？下一章我們就來腦力激盪吧。

1 編註：我們對於「人類」一詞的理解，通常是指 *Homo* 這一屬（人屬）的動物，最早出現在三百萬年前；而本書所說的七百萬年前，則是指近似人類的物種出現的起點（例如查德猿人、地猿、南猿等）。為便於區分和理解，文中提到在人屬之前誕生的這些人類始祖時，會統一以「早期人類」來表示。

2 審註：過去普遍認為直立二足的演化壓力，是來自於早期人類從原先鬱閉的森林環境出走到開闊的大草原環境，因為適應新環境而發展出不同的優勢。

3 審註：與其他哺乳動物相較，人類更不適合以四足奔跑的主因是我們的後肢比前肢長太多，以四足觸地時，骨盆的位置會比肩部高出許多，不利於四足奔跑。

其他動物無法像人類一樣，
頭部可以落在雙腳的正上方。

也就是說，
他們不是直立二足行走。

第12章

人類是溫和的生物

直立二足行走和犬齒變小，
是人類四大特徵中較早演化的兩種，
而策動這些演化的關鍵，竟是因為實行一夫一妻制？
至於因此空出來的雙手，
人類是拿來搬運食物、或是使用武器呢？

——人類的尖牙為何變小了？——

黑猩猩會攻擊且吃掉小型的猴子，但在他們吃的所有食物中，肉類比例大約只有五%。基本上黑猩猩是吃素的，主食是果實，但偶爾會因為當年或當季結的果實不多，不同群體的黑猩猩會彼此爭奪。

黑猩猩是以多夫多妻的方式組成群體。一夫一妻制的配偶是固定的，多夫多妻制就非如此，所以常會出現一群公猩猩為了母猩猩爭鬥的場面。採行多夫多妻制的群體，特別容易產生這樣的糾紛。

公猩猩們的爭奪戰十分激烈，重傷對手是常有的事，所使用的武器則是巨大的犬齒，也就是尖牙。

人類的犬齒非常小，和其他牙齒差不多，有時甚至更小。換言之，人類沒有尖牙，因此要殺害同類沒有那麼容易。

電視劇裡常有發生殺人事件的情節，犯人會以槍、刀或花瓶等各式各樣的兇器來奪人性命。如果是黑猩猩，就不必這麼麻煩，只要將對方咬死就行了，根本不需要兇器。

人類怕獅子、怕鯊魚，仔細想想，我們到底怕牠們什麼呢？原來是怕被獅子或鯊魚咬，因為牠們的尖牙太恐怖了。如果獅子或鯊魚不會咬人，或許就不會那麼令人恐懼。

由此看來，動物最厲害的武器就是尖牙。這樣說起來，電視劇裡的犯人應該要狠咬對方才對。但是，我們卻從沒在電視劇裡見過犯人把對方咬死的劇情，這不是很奇怪嗎？（在著名的「〇〇七」系列電影中，曾經出現會咬死人的壞蛋，不過這壞蛋連鯊魚都咬得死，被巨石砸中也沒死，牙齒還是金屬做的，所以不能算是人類吧？）

那麼，人類為何沒有尖牙呢？要製造尖牙——也就是巨大的犬齒，需要耗費的能量比製造小型犬齒更多，因此必須吃許多食物。而捨棄尖牙不用讓犬齒變小，就會節省能量，所以在演化過程中，犬齒就慢慢變小了[1]。

人類的犬齒之所以這麼小，是因為我們幾乎不會用到它。由於犬齒基本上是用來跟同類相爭互鬥，看來人類也不是很想自相殘殺。換句話說，人類是溫和的生物。

人類曾被認為是殘暴的生物

曾經，人類被認為是一種殘暴的生物。因為人類雖然沒有尖牙，卻會使用武器。

在二十世紀後半，澳洲人類學者雷蒙．達特（Raymond Arthur Dart, 1893-1988）研究了非洲南方古猿（*Australopithecus africanus*），這是生存於大約兩百八十萬～兩百三十萬年前的早期人類【圖12－1】。達特發現，在非洲南方古猿化石附近找到的狒狒頭骨上有凹洞，他認為這是

雷蒙．達特

非洲南方古猿造成的，可能是以動物的骨頭毆打狒狒致死。此外，非洲南方古猿的頭骨上也有傷痕，達特因此主張非洲南方古猿也會使用武器自相殘殺。基於這項研究成果，以下的說法也漸漸廣為流傳：

「人類開始直立二足行走後，兩手空了出來，於是用這雙手拿起獸骨等做為武器，開始狩獵或自相殘殺。也就是說，開始直立二足行走的人類成為肉食者，因為懂得以手使用武器，尖牙也就慢慢消失。」

知名電影《二〇〇一太空漫遊》（2001: A Space Odyssey）一開頭的劇情，就是來自宇宙的不明物體開啟了猿人的智能。有了智能之後，猿人便利用獸骨從事狩獵，或是與同類自相殘殺，這段劇情就是基於前述的說法而來。

不過，這個說法有幾項疑點。首先是達特此說最直接的證據——狒狒及非洲南方古猿頭骨上的傷痕，並非是獸骨所致。後續的研究證實了這些傷痕是出自被豹攻擊，或是洞窟崩塌壓傷了頭骨。其次是非洲南方古猿並非肉食動物。牠們的腸道很長，推斷應該是以植物為主食，因此不會狩獵。

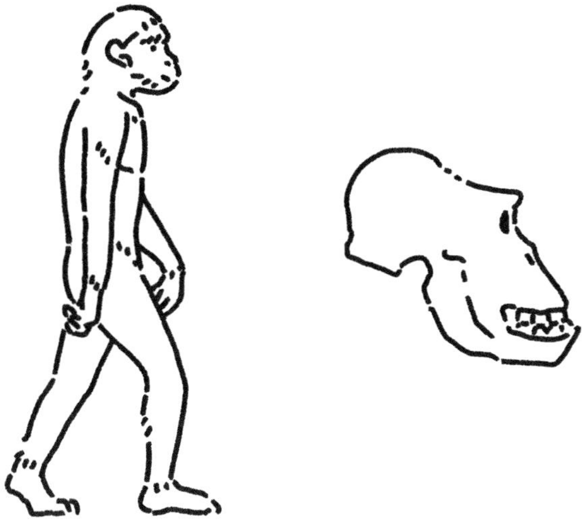

【圖 12-1 非洲南方古猿】

除此之外，人類開始使用工具的年代也不相符。我們不知道人類何時開始以獸骨做為工具，但知道開始使用石器的年代。最早的石器大約出現在距今三百三十萬年前，而早期人類犬齒變小的時間大概是七百萬年前，兩者的年代對應不起來。

換句話說，在犬齒變小的七百萬年前，並沒有發現早期人類使用武器等工具的證據。

基於以上幾點，「人類早在幾百萬年前就是很殘暴的生物」，這種說法其實毫無根據。尖牙會消失，主要可能還是為了緩和早期人類（特別是雄性）彼此的衝突，避免相互爭鬥。

那麼，人類彼此之間的衝突又是如何趨向和緩、不再爭鬥呢？

一夫一妻制是策動演化的關鍵？

在黑猩猩的爭鬥中，最常見的就是公猩猩們為了母猩猩而打架。因此要減少紛爭，最有效的方法就是避免公猩猩們為了母猩猩逞兇鬥狠。

或許就因為如此，人類在與大型人猿分道揚鑣、走上演化之路時，雄性與雌性之間的關係才出現了變化。

觀察現有的大型人猿，會發現紅毛猩猩及絕大多數的大猩猩都是一夫多妻；部分的大猩猩、黑猩猩、巴諾布猿則是由多夫多妻組成的群體。在一夫多妻或多夫多妻的社會，很難消弭為了競爭配偶所引起的紛爭。

事實上，就現有的大型人猿來說，雄性為異性相爭的狀況時有所見，證據之一就是他們的犬齒都很大。就連其中相對比較溫和的巴諾布猿，犬齒也遠比人類來得大。

至於一夫一妻制的社會，就鮮少有雄性為了異性大打出手。由此可知，或許是七百萬年前的早期人類實行了一夫一妻制，雄性之間爭風吃醋的情況減少，犬齒也就變得越來越小吧？也就是說，有可能是大型人猿中實行一夫一妻制的群體，最後演變成了人類。

這些都只是假說。不過，科學成果其實都來自假說，在第2章時聊過這個話題，這裡再做個簡單的複習。

假說又分成趨向正確的假說和趨向不正確的假說。經過大量觀察或實驗且獲得支持的，是趨向正確的假說。雖然無法達到一〇〇%正確，但幾近一〇〇%正確的假說，可說是相當趨向正確，而稱為理論或定律。相對論、孟德爾定律等，都是這樣的假說。

比方說，為了驗證「具有超能力」這個假說，做了擲骰子的實驗，方法是請自稱具有超能力者擲出規定的數字——三。

一般人擲骰子，有六分之一的機率可以擲出三。不過，並非擲出六次骰子，就一定會擲出一次三，有可能擲出很多次三，也有可能一次都沒有。不過，無論擲多少次骰子，出現三的機率應該都是六分之一。

原來大猩猩是一夫多妻制呀~
人類是溫和的生物喔……
拍拍

因此，即使自稱具有超能力者擲一次骰子就出現三，說服力也不夠，因為這可能只是偶然，不見得是出於超能力。

但若是接二連三都擲出三，「具有超能力」就漸漸變成一個趨向正確的假說；如果能連續一百次都擲出三，應該就足以稱為理論或定律了（前提是不能作弊）。

當然，也會有相反的情況——不論擲了幾次骰子，要是出現三的機率都約莫是六分之一，「具有超能力」就漸漸變成一個趨向不正確的假說。

也就是說，當我們對假說進行驗證時，其結果若能支持這項假說（獲得實證），這個假說就是趨向正確。而驗證的結果縱使獲得了實證，也不能主張這個假說是一〇〇％正確。

驗證假說的方法有好幾個，其中之一就是能夠說明其他的現象。

例如，對於犬齒之所以變小的原因，我們建立了「約七百萬年前的早期人類實行了一夫一妻制」的假說。這個假說若能同時說明犬齒變小之外的其他現象，就是趨向正確的假說。

大約七百萬年前的早期人類，出現了兩項變化：開始直立二足行走和犬齒變小。

兩者之間沒有關連嗎？

「實行一夫一妻制」這個假說，是否也能說明直立二足行走的演化呢？

——誰會是最大的受益者？——

直立二足行走有個重大的缺點，就是跑得慢。因此，要演化成直立二足行走，就得出現能勝過這項缺點的優點。第11章中列舉了七項直立二足行走的優點，其中有哪一項，會因為實行一夫一妻制而獲得更多利益呢？

關於直立二足行走的優點，第一個說法是「可以減少太陽直射的面積」，這跟一夫一妻制無關，因為就算實行一夫一妻制，也無法減少太陽直射的面積吧。第二個說法「頭部遠離地面，會變得較為涼爽」以及第三個說法「可以眺望遠方」，也與一夫一妻制無關。

第四個說法「偏大的腦部可以從下方獲得支撐」也是一樣。就年代來看，人類的腦部是在兩百五十萬年前開始變大，演化成直立二足行走則大約在七百萬年前，兩者的時間點對應不上。第五個說法「能源的使用效率更高」，看來也跟一夫一妻制沒什麼關係，不太可能因為這樣，行走的方式就跟著改變，能源的使用效率也越來越好。至於第六個說法「空出的雙手能使用武器」，先前也提過已經被否決了。

那麼，最後一個說法「空出的雙手能搬運食物」如何呢？誰可以從搬運食物這件事得到利益？當然，搬運食物的本人應該也有好處，在地面發現食物、當場吃起來的話，或許會引來肉食動物，不如把食物搬到比較安全的樹上再吃。

不過，比起搬運食物的人，得到更多好處的，是獲得食物的人。

─雄性也加入育兒的行列─

不論是一夫多妻、多夫多妻或一夫一妻制，都是由雌性負責照顧小孩。雄性是否會扶養小孩，則視情況而定。

換句話說，當一夫一妻制出現時，改變最大的很有可能是雄性，而不是雌性。接下來我們就把焦點放在雄性身上吧。

在一個四足行走的人猿群體中，某個雄性人猿突然發生變異，開始直立二足行走。

直立二足行走的雄性，可以利用騰出的雙手為孩子搬運食物，如此一來，這個孩子存活的機率，就要比無人幫忙搬運食物的其他孩子來得更高。

多夫多妻、一夫多妻或一夫一妻制，到此為止發展的情況都一樣，但接下來就不同了。一夫多妻制的雄性，對於扶養孩子想必不會太積極，因為他的孩子很多，丟給雌性們照顧就行了。所以我們先排除一夫多妻，來比較看看多夫多妻及一夫一妻制。

在採行多夫多妻制的群體中，雄性根本搞不清楚哪個孩子是自己的。直立二足行走可以搬運食物，確實使孩子的存活率提高了，但這其中既有自己的孩子，也有別人的孩子。換句話說，他們有的會直立二足行走、有的不會，因此直立二足行走的個體不會增加。

況且，從親代的角度來看，不直立二足行走反而對自己有利。為了幫孩子搬運食物，親代必須冒額外的風險四處覓食，被肉食動物吃掉的機率大幅提高，這樣的話，倒不如不直立二足行走，因為不幫孩子搬運食物的雄性，比較有機會存活。所以在多夫多妻制的環境中，不太可能出現直立二足行走這種演化。

那麼，一夫一妻制又如何呢？雌性配偶生下的是自己的孩子，所以直立二足行走的雄性搬運食物以餵養長大的孩子，基本上一定是自己的孩子，會遺傳到自己的基因，所以直立二足行走的個體會逐漸增加。

由此看來，實行一夫一妻制的話，將有機會演化出直立二足行走的型態。但最後還有一點別忘了——直立二足行走的缺點是移動速度慢，雖然直立二足行走有其優勢，但若不足以超越這項缺點，還是難以達成演化的結果。

─ 子代數量的增加啟動了天擇 ─

根據天擇說，具備有利特徵的個體會增加數量，亦即有利的特徵將獲得環境青睞。舉例來說，生存在大草原上的獵豹，跑得快有利生存，因此「跑得快」這個有利特徵被保留下來。但是，「跑得快」這個優點並不是直接演化而來，而是「跑得快」的孩子存活數量增加，才使這項特徵受到青睞。總而言之，只有能讓孩童數量增加的特徵，才會使天擇發揮作用。

無論特徵有多麼出色，若無法使孩童的數量增加，就不會因天擇被保留。例如「能解出高難度運算」這項特徵可否被演化過程保留下來，其實很難說。能解出高難度運算似乎是很棒的事，但這與孩童的數量能否增加有任何關連嗎？如果沒有，天擇就不會作用。

由此看來，「騰出雙手搬運食物」是一個相當容易啟動天擇的特徵，因為它與孩童數量的增加有直接的關連。對於能使孩童數量增加的特徵，天擇會積極作用，換言之，在一夫一妻制的社會中，天擇也會對「直立二足行走」的特徵積極作用。於是，直立二足行走的優勢遠遠勝過了缺點，地球史上因而首度演化出直立二足行走的生物。

我們對於犬齒變小的理由，建立了「約七百萬年前的早期人類實行了一夫一妻制」這項假說。要驗證這個假說，就得檢測它是否也能說明直立二足行走之演化。結果，我們知道這個假說也能用來說明「直立二足行走」之演化，因此這是個蠻趨向正確的假說。

老實說，這不是個說服力很強的假說，但就現下而言，可以算是最好的假說。想必是七百萬年前左右的早期人類實行了一夫一妻制，於是演化出直立二足行走及較小的犬齒。所以，人類是溫和的生物。

---

1 審註：注意，這只是其中一個假說。

因為是直立二足行走，
我們空出了雙手可以使用。

所以才能搬運食物
給自己的孩子！

第13章

流失中的生物多樣性

生物之間有一定的關連性，
但並非只是像早期人類和肉食動物之間吃與被吃的關係。
有時是彼此競爭資源，有時則如花與蜜蜂般互助互利，
關係複雜又難以割捨。

人類勢必要被獸類獵食

在上一章，我們提到人類很可能是因為實行一夫一妻制，才會演化出直立二足行走和較小的犬齒。這是基於直立二足行走的優點發展而成的結果，那直立二足行走的缺點又怎麼辦呢？人類在「跑得慢」這個缺點沒有獲得改善的情況下，就演化成直立二足行走了嗎？也就是說，人類就這樣手上捧著食物，在地面緩慢移動嗎？

現在的我們（智人），要比早期人類更擅長直立二足行走。我們的移動速度雖然不如大部分的四足動物，還是比早期人類快多了。即便如此，要現代人兩手空空地站在大草原上，想必也是坐立難安吧？萬一遇到獅子、獵豹之類的猛獸，當場就沒戲唱了，即使死命地逃，最後還是會被追上。更何況早期人類手上還拿著食物，走起路來也慢吞吞的，不是很快就會被猛獸吃光而滅種嗎！

好，大家先冷靜一下，我們滿腦子只想著「全部存活或全部滅絕」，恐怕太過極端了，別忘了還有中間值。人類不可能不被肉食動物吃掉，但也不會被吃得一個也不剩。絕大多數的動物都會努力讓自己的族群即使被吃掉一小部分，也不至於滅絕。

而且，要是人類完全不會被肉食動物吃掉，人口想必會爆炸性地增加（目前的地球就快變成如此）。因此，人口要保持在一定的數量，就得有些人被肉食動物吃掉。

【圖 13-1 灰狼】

例如在一九二六年時，美國黃石國家公園內的灰狼，曾由於人為因素被消滅殆盡【圖13－1】。灰狼的消失造成紅鹿大量繁殖，綠地遭到紅鹿過度啃食，森林於是成了荒原，區域內的樹木只剩下原有的五%。之後又陸續發生了諸多狀況，直到一九九五年再度以人為方式引進灰狼，森林才逐漸恢復生氣。雖然有一定比例的紅鹿因此被灰狼吃掉，但還不至於滅絕，鹿群依舊生生不息。由此可知，早期人類有一定的數量被肉食動物吃掉，也是理所當然。

再度引進灰狼後，黃石國家公園內的紅鹿大概維持在一萬多隻，灰狼在兩百匹左右，狀態相當穩定，肉食動物的數量出乎意料地少。由此看來，當初肉食動物就算是早期人類吃到飽，人類也不太可能會滅絕；況且除了人類之外，肉食動物還有其他動物可以果腹，因此重點是在於維持生態的平衡。

回到一開始的話題，所以早期人類還是要有一部分被肉食動物吃掉，這是無可避免的必要之惡，否則人口就會暴增。此外，早期人類不是住在一望無際的寬闊草原上，而是住在雖不如森林茂密，但四周仍有不少樹木生長的林地，運氣好的話就能避開危險。只要附近有樹木，肉食動物也還在有點距離的地方，丟下手中的食物趕緊爬到樹上，多半會倖免於難。由此看來，直立二足行走並不是在草原上，其實是在林地中演化而來。至於人類移居到草原上生活，是在此之後好幾百萬年的事了。

早期人類經常受到肉食動物的襲擊，有的會被吃掉，有的則是幸運逃走，而結果就是人類既未滅絕、也沒有暴增，才能夠繼續生存至今。

—多樣化的生態系比較穩定—

如同先前提過，生物之間有一定的關連性，但並非只是像早期人類和肉食動物之間吃與被吃的關係，有時是彼此競爭資源，有時則如花與蜜蜂般互助互利，關係複雜又難以割捨。

除了生物之間的交互影響，光、水等環境因素對生物也具有重大的作用力，而由生物與周遭環境所構成的體系，就稱為生態系。

任何生物都無法獨活，必須存在於生態系之中。因此，生態系的長治久安對生物來說至關緊要；而生態系要維持穩定，其中的生物種類則是越多越好。

假設某一年發生了乾旱，而植物都無法抗旱，絕大部分就會枯死，靠光合作用生成的有機物於是驟減，賴此維生的動物數量也會大幅降低，有的物種甚至可能因此滅絕，生態系將受到嚴重的損害。除了不耐旱的植物，若是同時也有耐旱的植物，那麼就算發生旱災，靠光合作用生成的有機物不至於嚴重短缺，動物也不至於滅種，生態系不會因此被嚴重破壞，只要旱象結束，想必能再恢復原有的狀態。而有著多種耐旱植物的生態系，相對來說也比只有一種耐旱植物更為穩定。

有種類不同但功能相同的複數生物存在，這樣的特質稱為「冗餘性」；包含這種冗餘性在內，各種生物彼此共榮共存的狀態，則稱為「生物多樣性」。一九九二年，「聯合國環境與發展會議」（地球高峰會）於巴西里約熱內盧召開，並在其提出的「生物多樣性公約」中，使用了「生物的多樣性」（biological diversity）一詞，之後為了向世人推廣這個概念，進而再簡稱為「生物多樣性」（biodiversity）。縱然有部分學派堅持「生物的多樣性」和「生物多樣性」是兩個意義不同的詞彙，但在這裡我們就依循多數派，將兩者視為相同的意義。

生物多樣性公約中對於生物多樣性的定義，包括有「遺傳多樣性」、「物種多樣性」及「生態系多樣性」。

遺傳多樣性是指單一物種間的個體差異，也可以稱為變異性。以人類為例，每個人的相貌、體型、性格及體質都不一樣，這種個體上的差異，稱為遺傳多樣性。

物種多樣性是指有各個不同的物種。例如人類的物種多樣性，是指屬於人類的物種有多少。早期人類在大約七百萬年前誕生後，陸續出現了各個物種[1]，所以地球上曾同時存在著好幾種人類及其近親，但自從尼安德塔人在四萬年前左右滅絕，就只剩下智人（*H. sapiens*）倖存。如今地球上的人屬也只有智人一種，因此現代人類的物種多樣性正處於極低狀態。

生態系多樣性是指有各個不同種類的生態系。生態系也分成很多種，從寬廣的森林到小型的池塘，各自都是一個完整的生態系；地球本身可視為一個生態系，我們的腸道內也有一個由數量龐大的腸內細菌所構成的生態系。

說到生物的多樣性，
還可以分成……
❶遺傳
❷物種
❸生態系
以上幾種

人類在地球上做了什麼？

所謂的生物多樣性高，並非單純是指種類多。種類多確實可以說是生物多樣性高，但並非只是如此而已。

例如，A島上與B島上各有人類及樹木兩種生物，總數共有一百個。A島上有五十個人類、五十棵樹；B島上有九十九個人類，樹木只有一棵。在這種情況下，比起B島，A島的生物多樣性較高，生態系顯然也比B島穩定。畢竟B島上只有一棵樹，要是枯死就會有一個物種滅絕。因此，生物多樣性除了種類要多，「均勻度」也很重要。

B島的均勻度偏低，所以缺乏生物多樣性，而均勻度偏低是因為「只有一棵樹」，反過來也可以說是「人類多達九十九個」。換言之，單一物種暴增，也會造成生物多樣性偏低。目前地球遭遇到的最嚴重問題，就是人類數量爆炸性地增加，使得地球這個生態系陷入極度不穩定的狀態。

人類將生物多樣性高的森林開墾成生物多樣性低的農地，又把生物花了數十億年堆積成化石燃料樣態的二氧化碳再次釋放到大氣中。人類操控環境的能力實在太過強大，加上人口不斷暴增，人類就這樣隨心所欲地，一路改變了地球上許多地方的原始樣貌。

於是，許多生物陸續瀕臨滅種的危機，生物多樣性正逐漸在減少之中。

【圖 13-2 旅鴿】

舉例來說，旅鴿（passenger pigeon）曾是北美洲數量最多的鳥類【圖13－2】，據估計有將近五十億隻旅鴿在此棲息。之後來自歐洲的移民積極開墾，旅鴿的森林棲地遭到濫伐，使得林地大減，人們又恣意捕殺旅鴿做為肉食，於是在十九世紀這一百年間，旅鴿的數量急劇減少，一九一四年終告滅絕。

這種導致生物多樣性減少的現象，並非只有發生於近代。像是現今的希臘，「藍天、碧海、白牆」的美景令人難忘，但在古代文明發達前，希臘其實是一片森林繁茂的沃土。古希臘人在這塊豐饒的土地上大規模地破壞自然，森林被剷平了，高山也變得一片光禿，希臘的景觀從此由綠轉白。不難想見，生物多樣性在這個過程中的減損會有多麼劇烈。

一致性比多樣性更危險

那麼，我們為什麼必須力保生物的多樣性呢？要回答這個問題，其實並不容易。

首先可以想見的答案是——這對人類有益。人類從生態系所取得的利益稱為「生態系服務」，而生態系服務的源頭，正是生物多樣性。也就是說，拜生物多樣性之賜，我們才能享受生態系服務。

生態系服務有各種形式，例如供人類做為食物的魚、建造屋舍的木材，都是最直接的生態系服務。人類仰賴乾淨的水與空氣得以生存，藝術家以美麗風景揮筆成畫，孩子們接觸自然而健康成長，也都包含在生態系服務之內。

此外，就算對人類無益，我們也應該努力守護生物多樣性。畢竟時代會變化，人類獲得的生態系服務也會變化，我們不知道未來哪一種生態系服務會變得重要，因此除了目前能實際為我們提供生態系服務的生物多樣性，我們也該認真守護尚未能造福人類的其他生物多樣性。只不過這個想法，說到底也還是在為人類謀福利。

也有另一種主張認為，維護生物多樣化與人類的利益無關，而是因為地球的生物系統本身就已經非常寶貴。這樣的想法很了不起，我甚至想說：對，就是這個答案。可惜的是，我們很難對地球上的所有生物一視同仁。當我們生病時，如果還要考慮到病原體——也就是細菌——的生命尊嚴，就沒辦法去醫院了。萬一要吃抗生素治療，細菌就會死掉，這樣細菌不是太可憐了嗎？這麼殘忍的事叫人怎麼做得出來！

這個例子似乎有點極端了，那麼，我們來看看當初日本引進灰狼的計畫吧。

從前的日本曾有灰狼棲息，北海道有北海道狼，本州、四國及九州也有日本狼（灰狼的不同亞種）的蹤跡。這些灰狼到了明治時代終告滅絕，之後梅花鹿和野豬大量繁衍，造成了農作物的重大損失。為了恢復舊日的生態系，當時日本曾打算從國外引進灰狼在境內野放，不過野生狼群可能侵襲人類，危險性實在太高，真有必要讓灰狼的蹤跡在日本重現嗎？

諸如此類的問題，或許沒有唯一的正確解答。假如只考慮人類利益而繼續破壞大自然，總有一天人類也會活不下去；只考慮大自然而忽視人類的生存，生病了不去醫院，被灰狼吃掉也無所謂，人類恐怕也會滅絕。而在這兩種極端之間，人們想必還有許多不同的意見吧。

各自具備不同的觀點，也是一種生物多樣性。當所有人類的意見一致時，其實是非常危險的，這將對人類也置身其中的生態系造成威脅。

1 審註：曾經出現的物種包括查德猿人、地猿、南方古猿、肯亞平臉人、傍人和人。但人類雖然族群數量龐大，遺傳多樣性卻也很低。

已經消失的物種……

永遠不會再出現了。

第14章

演化
不等於進步

要認為人類最偉大、或是甲蟲最偉大，
都是個人的自由和選擇。
但要是把「人類最偉大」的主觀認知當成了客觀事實，
那就不太妙了。
尤其從演化的角度來考量，這實在說不過去。

—人類真有那麼偉大嗎？—

我們總是認為，在所有的生物當中，人類最偉大、最了不起。我也不太懂理由何在，或許是因為人腦比較大，想得比較多吧？還是因為我們自己是人類，所以就這麼覺得？

「人類最偉大」的想法並不是現在才有，而是自古以來就如此。

從中世紀到近代初期，以基督教為基礎的經院哲學（scholasticism）學者非常推崇「存在巨鏈」（the great chain of being）的概念——世界萬物都有階級，最底層是石頭，最頂層是神，而人類在其中的階級是位於所有生物的最頂端、天使的正下方。

「存在巨鏈」畢竟是好幾百年前的想法，至今仍篤信的人應該不多了。然而，若將「存在巨鏈」中的天使與神排除在外，單獨抽出生物的部分來看，人類的位階正處於所有生物的最上方。而時至今日，相信還是有不少人抱持這樣的感受吧。

當然，要認為人類最偉大、或是甲蟲最偉大都無妨，這都是個人的自由和選擇。只不過話雖如此，但要是把個人覺得「人類最偉大」的主觀認知當成了客觀事實而加以主張，那就不太妙了。尤其從演化的角度來考量，這實在說不過去。

——是史賓賽而不是達爾文——

一提到演化論，最知名的人物就是查爾斯・達爾文（Charles Darwin, 1809-1882），但其實在達爾文之前，生物演化的概念就已經出現，最早可追溯到古希臘時代。不過我們還是來看看，演化論在達爾文生活的十九世紀有什麼樣的發展吧。

達爾文出版《物種起源》（*On the Origin of Species*）是在一八五九年，但在早了十五年的一八四四年，英國出版商羅伯特・錢伯斯（Robert Chambers, 1802-1871）就已出版過《創造的自然史遺跡》（*Vestiges of the Natural History of Creation*），在書中提到了演化論——不只是生物，宇宙及社會等所有的一切也會不斷進步。這樣的演化，錢伯斯稱之為「發展」（development）。

查爾斯・達爾文

羅伯特・錢伯斯

英國社會學家赫伯特・史賓賽（Herbert Spencer, 1820-1903），也早在《物種起源》出版前就提出了演化論。和錢伯斯一樣，他也認為不只是生物，宇宙及社會等所有的一切都會不斷演化。附帶一提，我們現在使用的「演化」一詞，源自英語的 evolution，其實是由史賓賽推廣而來。雖然這個詞彙並非是他率先使用，但由於他的名氣夠大，也就因此廣為普及。

與達爾文同一時代的演化論者（達爾文比錢伯斯小七歲，比史賓賽大十一歲），都將演化視為一種進步，而追根究柢起來，這樣的觀念與「存在巨鏈」一樣，都是植基於「人類的位階在所有生物頂端」的思想。

另一方面，達爾文則是最常用「後代承襲的漸變」（descent with modification）來解釋演化，其中並不帶有進步的涵義。只是這個說法並未普及，真正普及的是 evolution，亦即在十九世紀的英國，最廣為人知的是史賓賽的演化論，而不是達爾文的演化論。可惜的是，在二十一世紀的日本也仍是如此。達爾文的名氣雖然比史賓賽響亮，但就演化論本身而言，普及流傳的卻是史賓賽的版本。而史賓賽主張的演化論真是完美無缺嗎？在演化中，究竟有沒有「進步」這個面向？

赫伯特・史賓賽

蜥蜴比人類更優秀？

我們的祖先來自大海。在好幾億年前，有一部分魚類登陸上岸，一步步演化成了人類，成為我們的祖先。為了能夠在岸上生存，身體自然也會出現各種改變。

【圖14—1】的演化樹A，是從脊椎動物中挑出六種（魚類的鯉、兩棲類的蛙、爬蟲類的蜥蜴、鳥類的雞、哺乳類的狗及人類），分別說明其特徵演化的路徑。由於適應陸地生活，這些生物歷經了多項演化上的改變，圖表中則以黑色方塊來表示其中的三項。

脊椎動物的身體是由多種蛋白質構成，老舊的蛋白質經分解後釋出體外，在分解時則一定會產生氨。氨是有害的物質，必須排出體外丟棄，這在古代不難達成，因為我們的祖先是魚類，生活在大海或河川中，身體四周有大量的水，可以順利、輕鬆地把氨丟棄[1]。

但是，這對生活在陸地上的兩棲類來說就有難度了。陸地上沒有什麼水，要排出氨並不容易，但又不能讓有毒的氨堆積在體內。於是，能將氨轉化為尿素的演化便出現了——也就是A演化樹中最下面的黑色方塊。雖然尿素並非完全無毒，但毒性畢竟比氨低，身體還可以承受某個程度的累積量。

此外，兩棲類也不能離開水邊太遠，理由之一是兩棲類的卵十分柔軟，很容易乾燥，因此所有蛙類幾乎都在水中產卵。若要離開水邊、適應陸地生活，就得設法避免讓卵乾掉。

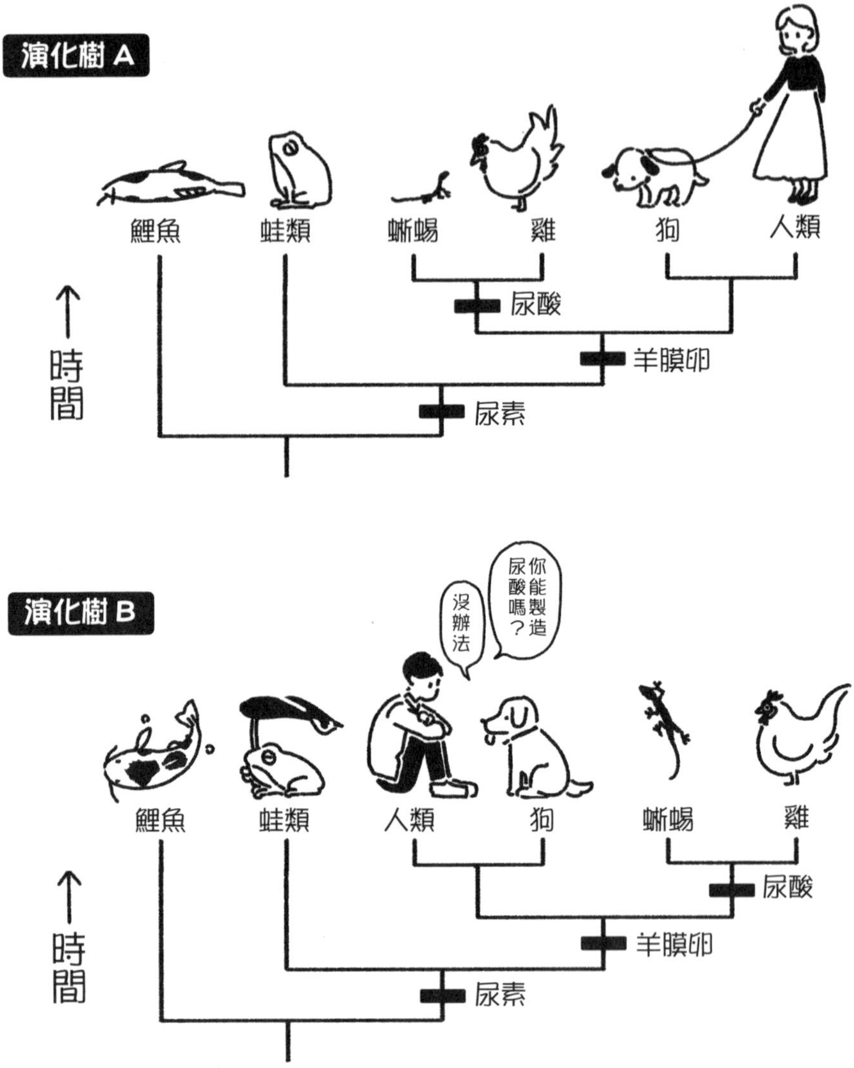
演化樹 A
鯉魚
蛙類
蜥蜴
雞
狗
人類
尿酸
羊膜卵
尿素
時間
演化樹 B
你能製造尿酸嗎？
沒辦法
鯉魚
蛙類
人類
狗
蜥蜴
雞
尿酸
羊膜卵
尿素
時間

【圖 14-1 兩種演化樹】

因應這項需求而演化出來的突破性特徵就是羊膜卵（演化樹A位於中間的黑色方塊）。羊膜卵簡言之就是以羊膜製成的袋中裝滿了水，裡面放有胚胎（發育初期的幼體）的卵。這樣一來，胚胎整個浸泡在袋中的水裡就不會乾掉，而卵的外層也有殼可以避免乾燥。由羊膜卵演化而成的動物稱為羊膜動物，即使離開了水邊也能生活。

這些初期的羊膜動物後來演化成爬蟲類和哺乳類的祖先（哺乳類並非由爬蟲類演化而來，這一點很容易被誤解），接著又有部分的爬蟲類演化成了鳥類。

爬蟲類或鳥類所屬的系統，再演化出了更加適應陸地生活的特徵——把尿素轉化為尿酸（演化樹A最上方的黑色方塊）。

尿酸和尿素的毒性都很低，但尿酸還有額外的好處是不易溶於水，因此排出時幾乎不必用到水。對生活在陸地上的動物來說，要取得水分頗為費力，所以也不太捨得排出水分。儘管如此，人類還是會製造許多尿液，將水分排出體外，真是有點浪費，反觀雞或蜥蜴則不太會排尿。應該沒人見過雞或蜥蜴像狗一樣排出大量的尿吧？這是因為牠們已經演化出將尿素轉化為尿酸的能力。

總而言之，對於陸地生活，哺乳類要比兩棲類更為適應，而爬蟲類和鳥類又比哺乳類適應得更好。

沒有十全十美的生物

【圖14—1】中的演化樹A和B，顯示的都是相同的系統關係，但內容看來有些不同。比較常見的是演化樹A，人類是當中演化到最後才出現的物種，儼然是最優秀的生物。

但若就陸地生活的適應力來說，演化樹B反而較為合理，因為蜥蜴、雞等要比人類更適應陸地生活。看看演化樹B，到最後才演化出的物種是蜥蜴、雞，看似才是最優秀的生物。

當然，演化到最後才出現的物種既不是人，也不是雞。無論鯉魚、蛙類、人類、狗、蜥蜴或雞，都是目前仍存在的生物，因此也可以說都是演化到最後才出現的物種。鯉魚、蛙類、人類、狗、蜥蜴或雞，都是自生命誕生後，同樣歷經漫長的四十億年演化而成的生物，只是若單就適應陸地生活這一點，可以看出演化樹中適應力最優秀的物種是蜥蜴和雞。

假設「優勢」是「跑得快」，最優秀的生物就是狗吧？若是「游泳速度最快」，優勝者則是鯉魚；要說「運算速度最快」，最厲害的應該是人類。換句話說，如果將焦點放在「優勢」上，亦即從「進步」這個面向來看，生物的排名順位也會因優勢的不同而改變。

先前的討論都是以「適應陸地生活」做為「優勢」來考量，假使條件改為「適應水中生活」，結果就會完全相反。蜥蜴發展出適應陸地生活的特徵，卻也代表其適應水中生活的特徵退化了（附帶一提，「退化」的相反並非「進化」，而是「發展」。生物具備的構造變

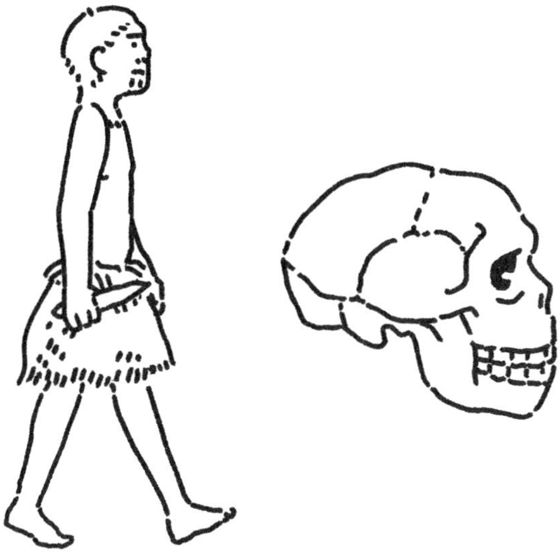

【圖 14-2 尼安德塔人】

小或單純化稱為退化，變大或複雜化則稱為發展；而退化及發展都是演化的一種）。

總之，就客觀上來說，沒有任何一種生物是絕對優秀的。在陸地上生龍活虎的生物，到了水裡就沒輒；跑得快的生物，力氣卻小得可憐；想要跟獵豹一樣跑得飛快，就得放棄如猛獅般強大的力氣。

至於擅長運算的生物，肚子卻很容易餓。腦是相當耗費能量的器官，人腦雖然只占體重的二％，消耗的能量卻占了全身的二十～二十五％。大型的腦不斷在消耗能量，因此必須大量進食。萬一遭遇飢荒或農作物歉收，導致食糧不足，腦容量大的人類勢必會死亡，所以發生飢荒時，較小的腦反而是「優勢」。

觀察人類的演化史，我們會發現人腦並不是一路越變越大。尼安德塔人的腦比我們智人還要大，但後來尼安德塔人滅絕了，我們智人還存活著【圖14－2】。而智人的腦在最近這一萬年來也演化得越來越小，根據這些事實，可以理解腦並不是越大越好。

「在某方面具有優勢」，同時也意味著「在另一方面處於劣勢」，因此理論上來說，並沒有十全十美、各方面都無懈可擊的生物，演化也不等於進步。生物只是適應了各種環境變遷而不斷演化、改變，如此而已。

在達爾文之前，就有不少人認為生物會演化，但包括錢伯斯及史賓賽在內，都認為演化就等於進步。明確表示演化並不等於進步的第一人，就是達爾文。那麼，達爾文又為何會意識到這一點呢？

—「天擇」不是達爾文發現的？—

達爾文之所以認為演化並不等於進步，是因為他發現生物是因為天擇而產生演化[2]。這裡很容易被混淆的一點是：天擇並不是達爾文發現的。他發現的並非「天擇」，而是「生物因天擇而演化」。

接著就簡單來說明一下天擇，這是由兩個階段所構成——

第一階段是出現可以遺傳的變異（遺傳變異）。既然跑得快的親代可以生出跑得快的子代，跑得快或跑得慢就是一種遺傳變異。而透過鍛鍊形成的肌肉無法遺傳給子代，所以不算是遺傳變異。

第二階段是基於遺傳變異而造成子代數量的差異。例如跑得快的個體所生的子代數量，比跑得慢的個體所生的還要多。這裡所說的子代數量，並非單指出生的子代數量，還必須同時考量出生後有多少能存活下來，具體來說，就是要比較相同年齡下的親代與子代數量。例如計算親代時，是以二十五歲這個年紀的數量為準，那麼計算子代時，也是要計算存活到二十五歲的數量。

歷經這兩個階段，擁有較多子代的遺傳變異之個體，就會自動增加。這樣一想，天擇實在太簡單易懂了，主要就是跑得慢的鹿比跑得快的鹿更容易被豹吃掉，數量於是慢慢減少，這種事任誰都看得出來吧。事實上也的確如此，在《物種起源》出版前，生物會發生天擇已是相當普及的常識，當時只要對演化稍有興趣的人都知道。那麼，為何還會出現「是達爾文發現了天擇」這樣的誤解呢？

天擇的模式主要分成兩種：穩定型天擇和定向型天擇。

穩定型天擇，是讓連續的遺傳變異裡居於中間值特徵的個體擁有最多的子代。例如讓長得太高或太矮的個體所生的子代容易生病，存活下來的數量也就不多；而身高居於中間值的個體所生的子代，存活數量會最多。換言之，穩定型天擇能讓生物保持穩定，不會出現變化。

定向型天擇，則是讓遺傳變異裡偏向極端值特徵的個體所生的子代有最高的存活率。例如長得高的個體較能儘早發現獅子而迅速逃離，他們的後代存活率也因此較高。在這種情況下，長得高的個體將會增加，所以定向型天擇會使生物產生變化。

在達爾文的《物種起源》出版前，大多數人已經知道穩定型天擇的存在，換句話說，當時的人們認為天擇是一種不會讓生物（或物種）產生改變的力量。但達爾文卻認為，天擇也有使生物改變的能力。達爾文發現的，其實是定向型天擇。

定向型天擇啟動時，生物會自然朝著適應環境的方向演化。舉例來說，天氣如果突然變冷，又突然變熱，如此不斷反覆，生物也會持續順應氣候的變化，讓自己變得耐熱或耐寒。生物的演化，純粹是適應當下的環境，並沒有一定目的，由此可以明顯看出演化與進步沒有關係。想必這也正是達爾文認為演化並不等於進步的原因吧。

地球上滿布著各式各樣的美妙生物——從小小的細菌到高度超過一百公尺的巨樹，還有使土壤肥沃、孕育豐富生態系的微生物，悠遊大海的鯨魚，翱翔天際的鳥類，以及擁有高度智能的人類。正是定向型天擇創造出如此多元的生物，假使演化等於進步，假使世界是「存在巨鏈」，以一條鞭的形式構成，也就不可能展現這般精彩的生物多樣性。事實上，我們在地球上所見到的生物多樣性，可是遠遠超越了「存在巨鏈」的形貌。

我們很容易以為，演化是朝著單方向進行……

實際上的演化，是以網狀的形式發展呢。

1 審註：排出氨的方式就是透過第10章曾提及的擴散作用。

2 審註：天擇是演化的一種機制，演化是一個持續進行的現象，天擇、性擇或人擇都是其中的作用機制。

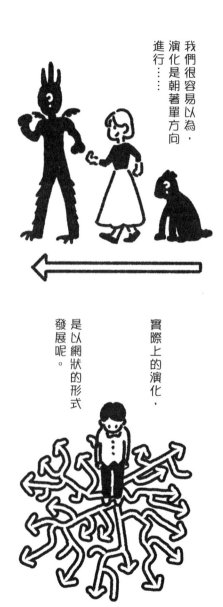

第15章

遺傳是怎麼進行的？

生物的遺傳性，就像堆好積木後不收拾，
而是一直堆疊下去，漸漸堆出更複雜的造型。
子代也是繼承了親代的特徵，同時將這些特徵不斷累積，
因此發展出多樣化的生物。

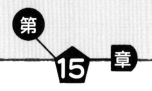

遺傳特徵要靠一代代累積

在現今的地球上，具有多樣性的不只是生物。礦物又分成紅寶石、水晶等許多種類；空中飄浮的雲也是各式各樣，像是積雨雲、卷積雲等。不過，地球上多樣性最高的果然還是生物。雖然第13章曾提過，生物的多樣性正在減少之中，但相較起來還是呈現壓倒性的優勢。究竟是為什麼，生物會如此多樣化呢？

現在似乎不像從前那麼流行玩積木了，這種孩子的玩具是些大小不一的木塊或塑膠塊，可以用來堆成或拼成各種不同的造型。

假設某天有個孩子以積木堆造出一間房子，造好之後他就把房子拆掉，再將散落的積木塊放回玩具箱內。一般來說，玩積木的流程大概就是這樣，不斷重複堆好、拆散的動作。每天都得從零開始堆起，所以無法堆出複雜的形狀。

如果將堆好造型的積木放著不收拾，又會如何呢？例如以積木造出房子後就放著不動，不再拆散收好，而是在隔天接續著昨天造好的房子繼續堆，可以幫房子蓋出第二層樓，或者在四周蓋出一座院子，就算中途把某些部分拆掉重堆也無妨。第二天堆好後再繼續放著，如此不斷重複（只要積木夠多），就會漸漸堆出一個複雜的造型。

「能做出複雜的東西」，意味著「能做出各式各樣的東西」。積木若是不夠多，只能拼堆出簡單的造型，多樣性自然就不高了，而複雜化能衍生出多樣性。因此，堆好積木後不要收拾，再繼續累積著堆下去非常重要。

生物和雲最大的差異，就是具備了累積的能力。雲沒辦法生育，由親代雲生出子代雲，只能天天從零做起；而生物能由親代生出子代，具備的特徵可以一代代累積，多樣性也就越來越高。

生物的遺傳性，就跟堆好的積木放著不收拾是一樣的道理。子代繼承了親代的特徵，同時將這些特徵不斷累積起來，因此發展出多樣化的生物。

此外，生物並非只會複雜化，有時也會趨於單純化，衍生出更高的生物多樣性。而讓生物發展出多樣性的基礎——遺傳，究竟是怎麼進行的呢？

——DNA上記錄著遺傳訊息——

在人類的細胞中，有一個被核膜包裹起來的細胞核，核內有四十六個染色體。染色體主要是由蛋白質及DNA組成，生物的遺傳訊息，都寫在這個稱為DNA（去氧核醣核酸）的分子內。

蛋白質及DNA這兩種分子，外觀像長形的細繩，蛋白質是由大量的胺基酸與胜肽鍵結

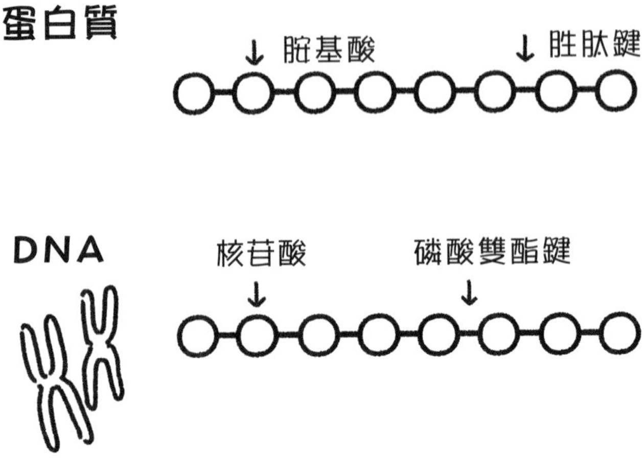

【圖 15-1 蛋白質與DNA】

合而成，DNA則是由核苷酸及磷酸雙酯鍵結合而成【圖15－1】。核苷酸是五碳糖、磷酸基及含氮鹼基聚合成的分子。在構成DNA的所有核苷酸之中，五碳糖與磷酸基都是相同的，含氮鹼基則又分成四種。這四種含氮鹼基在DNA中的排列方式，將成為之後會提到的遺傳訊息。

不論是胜肽鍵或磷酸雙酯鍵，聚合時都會丟掉兩個氫原子及一個氧原子（等同一個水分子）【圖15－2】。相對地，蛋白質或DNA分解時，就必須加上水才行。換句話說，蛋白質或DNA都是加水後會被分解的分子。

我們再仔細看一下DNA。核苷酸是由三個部分構成：五碳糖、磷酸基及含氮鹼基【圖15－3】。DNA內的五碳糖及磷酸基都是相同的，含氮鹼基則又分成腺嘌呤（A）、胸腺嘧

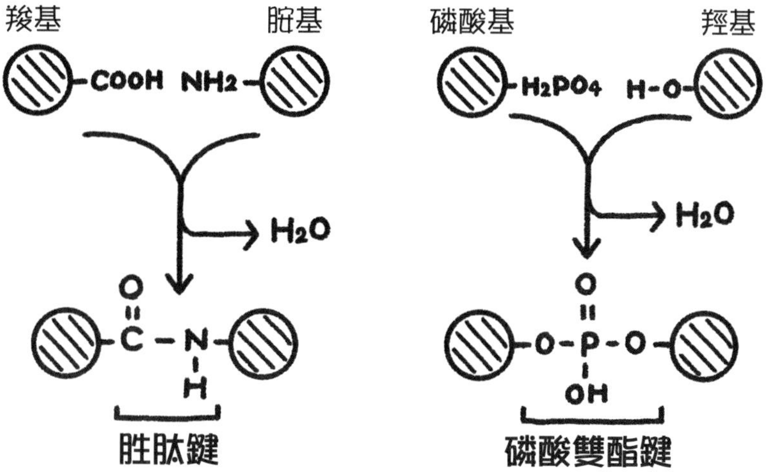

【圖 15-2 胜肽鍵與磷酸雙酯鍵】

啶（T）、鳥糞嘌呤（G）、胞嘧啶（C）四種。當核苷酸大量連接時，四種含氮鹼基會出現各種排列順序，例如AATCGGA之類，而含氮鹼基的排列順序（鹼基序列），就是最主要的遺傳訊息。

這四種含氮鹼基有一個相當奇妙的特質，就是只會與特定的鹼基相對應。具體上來說，A會與T配對、G會與C配對，這種配對模式是固定的，因此A與C不可能結合，也不可能出現G與G這種相同鹼基的配對。利用這種特質，若以AATCGGA這個鹼基序列的DNA為模板，就能夠造出鹼基序列為TTAGCCT的DNA。再以這個DNA為模板，又能造出一個與最初的DNA相同鹼基序列的新DNA。

換句話說，DNA這種分子很容易複製。

因此，當一個細胞（母細胞）分裂成兩個子細

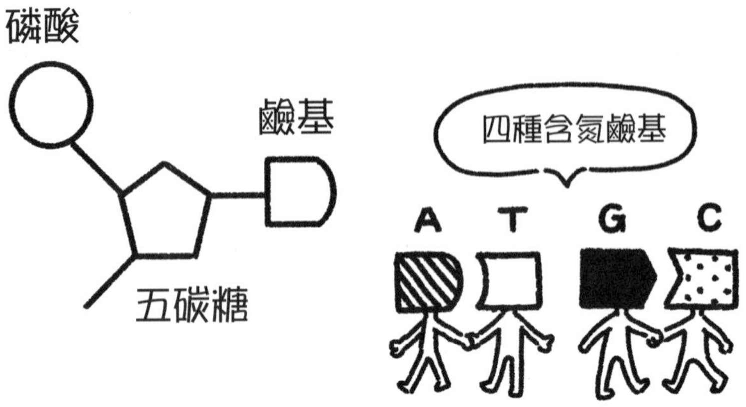

【圖 15-3 核苷酸】

胞時，只要進行DNA複製，這兩個子細胞就能獲得相同的DNA，也就是子代可以從親代身上繼承DNA。

所以，含氮鹼基對DNA來說十分重要。至於製造DNA的核苷酸數量，計算方式有點特別。例如由五個核苷酸鏈結而成的DNA，我們不稱它是「五核苷酸DNA」，而是「五鹼基DNA」。

雖然五核苷酸DNA才是正確的，但一般都習慣稱為五鹼基DNA，因此本書也採用「五鹼基DNA」這個說法。

大部分的DNA都是雙鏈交纏，稱為「雙股螺旋型」。例如【圖15—4】就是兩條四鹼基DNA相互纏繞的示意圖。這時候會再加上「對」字，變成「四鹼基對DNA」。

DNA之所以為雙鏈，是因為在這樣的形

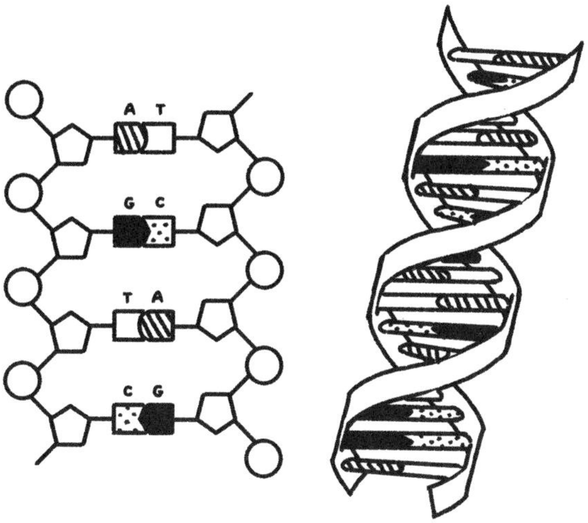

【圖 15-4 四鹼基對 DNA 和雙螺旋構造】

式下，含氮鹼基比較容易配對。即便是同一個DNA，當中的A與T或G與C也很容易結合在一起，所以DNA就像所謂的單面膠帶，有鹼基突出的那一側有如上膠、容易沾黏的那一面；沒有鹼基的另一側則是沒有上膠的平滑面。這樣的DNA若只有單獨一條，會難以伸展開來，因為很容易自己交疊黏成一坨，解也解不開。

如果是雙鏈DNA，就不會發生自己黏成一坨的狀況了。只要把兩條單面膠帶小心地黏成一條，讓上膠面不要外露，膠帶就能伸長延展，有需要時，再剝開其中的一小部分就行。解讀DNA時也是一樣，只要把雙鏈拆開成單鏈，就能解讀其中的鹼基序列。

含氮鹼基組成了遺傳密碼

DNA上的鹼基序列要傳遞訊息時，會轉錄在一種與DNA類似的分子RNA上面，稱為mRNA。接著胺基酸會以mRNA上的鹼基序列為根據，併排在上頭連接合成蛋白質。具體來說，DNA或mRNA上的三個含氮鹼基，可以對應蛋白質中的一個胺基酸。例如AGC這三個含氧鹼基，可以對應一個稱為絲胺酸的胺基酸，像這樣由三個含氮鹼基（稱為密碼子codon）搭配出一個胺基酸的對應序列，稱為遺傳密碼【圖15－5】。

密碼子不僅用來對應胺基酸，其中也有讓mRNA開始轉譯成蛋白質的起始密碼子，以及表示轉譯結束的終止密碼子。起始密碼子（AUG）同時也是對應甲硫胺酸的密碼子。

用來製造蛋白質的胺基酸有許多種，不過，剛製造完成的蛋白質大多含有二十種胺基酸（有時會出現二十一種，人類身上也有第二十一種胺基酸，稱為硒半胱胺酸），之後胺基酸會因化學反應產生變化，所以製成一個蛋白質所含的胺基酸通常會比二十種更多。

另一方面，RNA的含氮鹼基也只有四種，其中三個與DNA相同，另一個則是把DNA中的T改以U（尿嘧啶）替代。由三個含氮鹼基並列構成的密碼子，共有四×四×四＝六十四種，可以從二十種胺基酸中指定對應的胺基酸（由於密碼子的種類很多，有時不同的密碼子也會對應相同的胺基酸）。

第一個字	第二個字				第三個字
	U	C	A	G	
U	UUU 苯丙胺酸	UCU 絲胺酸	UAU 酪胺酸	UGU 半胱胺酸	U
	UUC 苯丙胺酸	UCC 絲胺酸	UAC 酪胺酸	UGC 半胱胺酸	C
	UUA 白胺酸	UCA 絲胺酸	UAA 終止	UGA 終止	A
	UUG 白胺酸	UCG 絲胺酸	UAG 終止	UGG 色胺酸	G
C	CUU 白胺酸	CCU 脯胺酸	CAU 組胺酸	CGU 精胺酸	U
	CUC 白胺酸	CCC 脯胺酸	CAC 組胺酸	CGC 精胺酸	C
	CUA 白胺酸	CCA 脯胺酸	CAA 麩醯胺酸	CGA 精胺酸	A
	CUG 白胺酸	CCG 脯胺酸	CAG 麩醯胺酸	CGG 精胺酸	G
A	AUU 異白胺酸	ACU 蘇胺酸	AAU 天門冬醯胺	AGU 絲胺酸	U
	AUC 異白胺酸	ACC 蘇胺酸	AAC 天門冬醯胺	AGC 絲胺酸	C
	AUA 異白胺酸	ACA 蘇胺酸	AAA 離胺酸	AGA 精胺酸	A
	AUG 甲硫胺酸*	ACG 蘇胺酸	AAG 離胺酸	AGG 精胺酸	G
G	GUU 纈胺酸	GCU 丙胺酸	GAU 天門冬胺酸	GGU 甘胺酸	U
	GUC 纈胺酸	GCC 丙胺酸	GAC 天門冬胺酸	GGC 甘胺酸	C
	GUA 纈胺酸	GCA 丙胺酸	GAA 麩胺酸	GGA 甘胺酸	A
	GUG 纈胺酸	GCG 丙胺酸	GAG 麩胺酸	GGG 甘胺酸	G

＊起始密碼子

【圖 15-5 遺傳密碼表】

蛋白質是實際執行化學反應等生命現象的最小單位分子，對生物來說絕對是最重要的分子。而這個分子的製造方法（胺基酸序列）就寫在DNA的鹼基序列中。既然如此，為什麼以DNA製造蛋白質時，中途會出現RNA呢？

人類大部分的DNA都在細胞核內（有一部分位於粒線體，長度約是細胞核中DNA的二十萬分之一左右），製造蛋白質的核醣體（ribosome）則在細胞核外，因此mRNA就成了傳送訊息的快遞員。mRNA轉錄了細胞核中DNA的鹼基序列後，就會跑出細胞核，在核醣體上合成蛋白質。核醣體主要由蛋白質與RNA構成，按照mRNA上的遺傳訊息結合胺基酸，以製造蛋白質。

至於我們常聽到的「基因」，在本書中也出現過好幾次。基因並沒有明確的定義（但也因此反而方便好用，所以才會這麼普及吧），一般來說，在DNA中指定核苷酸製造出一個蛋白質的一段序列，就稱為一個基因。但有時DNA除此之外的部分也可以稱為基因，基因也不見得是專用於DNA的詞彙。

舉例來說，「使嫩葉呈黃色」這種肉眼可見的特徵，我們會說是基因造成的，但有時讓嫩葉變黃的原因與DNA中的好幾個部分都有關連。

ＤＮＡ鹼基序列之外的遺傳訊息

我們的人生始於受精卵，這是精子與卵子受精後所形成的一個細胞，此時的細胞內並非只有一個核，來自精子的雄原核及來自卵子的雌原核同時都在裡面，所以有兩個核。就ＤＮＡ鹼基序列來看，這些核應該都是對等的，因此即使受精卵中出現了兩個雌原核，而不是各有一個雄原核與雌原核，照理說還是能夠正常地發育。

關於這一點，曾經以小白鼠進行實驗：從受精卵中取走一個原核，再植入從另一個受精卵中取出的原核，這個具有兩個雄原核或兩個雌原核的受精卵，後來並沒有正常地發育。但這並非是移植讓受精卵受到了不良的影響，因為透過移植而具有一個雄原核與一個雌原核的受精卵，還是可以正常地發育。

根據這項實驗結果，推測出唯一的可能就是雄原核和雌原核中，在ＤＮＡ鹼基序列之外的某個部分獲得了錯誤的訊息。就像這樣，細胞核中的染色體傳遞了非ＤＮＡ鹼基序列的訊息，則稱為表觀遺傳學[1]。

表觀遺傳有各種形式，不僅是在ＤＮＡ上進行修飾，與纏繞其上的蛋白質也有關係（像是因乙醯基的作用而使組蛋白乙醯化等）。而最著名的表觀遺傳機制，就是因甲基形成的ＤＮＡ甲基化。

ＤＮＡ的四種含氮鹼基（Ａ、Ｔ、Ｇ、Ｃ）之中，最容易出現甲基化的就是胞嘧啶（Ｃ）。胞嘧啶一旦甲基化，亦即胞嘧啶與甲基（$-CH_3$）結合，就變成了甲基胞嘧啶。這個甲基胞嘧啶會成為第五個鹼基，能夠傳遞訊息。

有些甲基化的ＤＮＡ會遺傳給下一代，因此算是一種遺傳訊息。先前提過的雄原核或雌原核之表觀遺傳，同樣是透過精子或卵子將訊息傳給子代的一種遺傳訊息。就分量來說，傳遞訊息量最多的是ＤＮＡ鹼基序列，但不影響序列的表觀遺傳同樣也會傳遞遺傳訊息。

此外，有些表觀遺傳如ＤＮＡ甲基化，會隨著環境而產生變化。例如，當西洋蒲公英的營養狀態改變時，會產生甲基化，而透過這種機制而來的變化，也會遺傳給子代。

尚一巴蒂斯特・拉馬克

因為這是將親代後天獲得的性狀遺傳給子代，因此稱為獲得性遺傳。獲得性遺傳是法國生物學家尚—巴蒂斯特．拉馬克（Jean-Baptiste Lamarck,1744-1829）的主張，但普遍不被接受，而這個主張究竟是否正確呢？

獲得性遺傳確實存在，只是也不能因此認定拉馬克是對的。拉馬克主張的是「用進廢退說」，亦即親代經常使用的器官會變得發達，而這個發達的器官也會遺傳給子代，在這裡我們稱它為「用進廢退之獲得性遺傳」。

出現在西洋蒲公英等報告中的獲得性遺傳則是因為環境的改變，而出現了ＤＮＡ甲基化等表觀遺傳機制，在這裡我們稱它為「環境因素之獲得性遺傳」。

關於拉馬克的用進廢退之獲得性遺傳，至今仍無任何確切證據能證實它的存在；倒是有許多生物的實驗報告，都出現過環境因素之獲得性遺傳，也等於做出了證明。例如在某個報告中，當西洋蒲公英處於營養不足狀態時，產生了ＤＮＡ甲基化，於是下一代即使沒有營養不良，ＤＮＡ也同樣呈現甲基化狀態。換句話說，獲得性遺傳確實是存在的。

不過仔細想想，基於環境因素而獲得的性狀，當然會遺傳給下一代。例如被放射線照射後，ＤＮＡ的鹼基序列產生改變，這種改變就會遺傳給子代。因此，被放射線照射後而產生的ＤＮＡ鹼基序列變化，也可稱為獲得性遺傳。

這一章說明了關於遺傳的機制，這些知識將可做為我們思考生活中切身問題時的基礎。從下一章開始，我們就一起試著從生物學的觀點，來探討與生活相關的主題吧。

---

1 編註：epigenetics，透過不改變ＤＮＡ序列的方式，引發具有遺傳性且穩定的基因活性與表達的調控機制。

複習一下。
5個核苷酸鏈結的
DNA稱為什麼？
五個核苷酸……
習慣上稱為
五鹼基DNA!!

第16章

為何會誘發花粉症？

病原體侵入人體後，不同於立刻迎戰的先天性免疫系統，
後天性免疫系統通常要過幾天才會啟動，
但等了那麼久才開始運作來得及嗎？
這種免疫系統到底有什麼存在的意義？

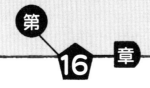

認真務農的切葉蟻

中南美洲有種切葉蟻，顧名思義是一種會剪切葉片的螞蟻。這種螞蟻很奇特，會利用切割下來的葉子進行農耕。大概在五千萬年前，切葉蟻就已經演化出務農的能力，比人類從事農業的時間還要早。

切葉蟻會把切割下來的葉片扛回蟻穴【圖16-1】，由於這些葉片比螞蟻本身還要大，看起來就像是自己在地面上走動。運送葉片的路徑是固定的，某種切葉蟻的運送路徑拉直展開後竟可長達一百公尺。除了搬運葉片的切葉蟻，另外還有一種小型工蟻會在路旁巡邏，蟻穴裡甚至也有兵蟻把守。

地下蟻窩中的房間，就是切葉蟻的農場。切葉蟻把葉子鋪在地上，用來栽種菌菇。有幾隻切葉蟻負責以利刃般的下顎除草，並以自己的糞便為肥料，努力栽種、認真收成。

切葉蟻的農場也會有病原菌侵入，因此切葉蟻會使用好幾種天然抗生素來對付病原菌。但一直使用同一種抗生素的話，久而久之，某些病原菌也會產生抗藥性吧？

人類的農田也是一樣，為了讓雜草枯死，農夫會使用各式各樣的農藥。不過，農藥一旦使用了十年左右，便會出現有抗藥性的雜草，農夫只好改用或加入其他種類的農藥。

如此看來，切葉蟻的農田若是長期（有一說是數百萬年）使用同一種抗生素，總有一天

【圖 16-1 切葉蟻】

也會荒蕪吧？

這樣的情況確實發生過。不過，大部分切葉蟻的農田都可以長久維持良好的運作，換句話說，切葉蟻所使用的抗生素一直都有效。這究竟是為什麼呢？

抗生素為何只會殺死細菌？

世界上首先被發現的抗生素是盤尼西林（Penicillin，又稱為青黴素）。英國細菌學家亞歷山大．佛萊明（Alexander Fleming, 1881-1955）在一九二八年時，發現葡萄球菌的培養皿中混入了黴菌，而奇妙的是，這些黴菌周圍的葡萄球菌群都溶化了。佛萊明心想，該不會是黴菌的分泌物殺死了這些細菌？於是盤尼西林就這樣被發現了。

亞歷山大．佛萊明

細菌的細胞外側具有細胞壁（與植物的細胞壁是不同的成分），是細菌生存不可或缺的構造，由歷經多種化學反應的複雜程序構成。因此想要改變這個程序、或透過其他方法來製造細胞壁，都不是輕易能做到的事。

而盤尼西林可以破壞細胞壁製造程序的最終階段，所以能夠殺死許多細菌，就算細菌改變了ＤＮＡ，也逃不出它的手掌心。因此盤尼西林一直以來都能有效對付多種細菌，至今也依然是多種細菌的致命殺手。

人類是真核生物，沒有（像細菌那樣的）細胞壁，不具備可以被盤尼西林破壞的部分，所以盤尼西林只會消滅細菌，對人類則不會有任何危害。

當然，盤尼西林這種抗生素並非絕對完美，還是有些細菌對它無感。或許是因為如此，切葉蟻才會使用好幾種天然抗生素，努力讓農田維持正常運作。

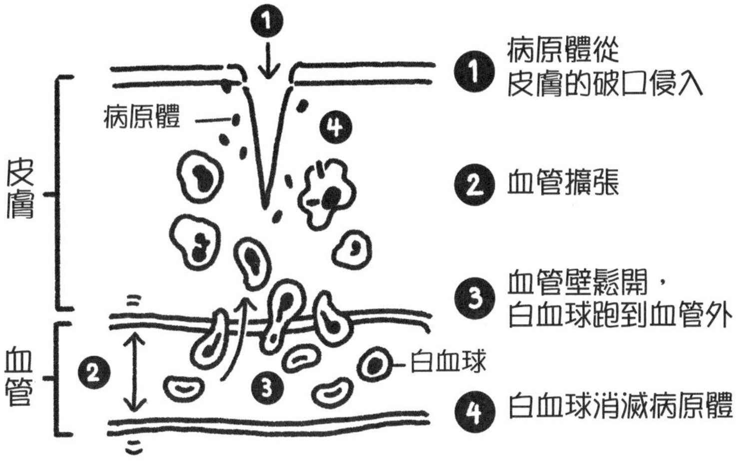

【圖 16-2　免疫機制】（改自《免疫與「疾病」之科學》，宮坂昌之、定岡惠，講談社）

—先天性免疫是抗病前鋒—

我們的生活周遭存在著各種細菌、病毒等病原體。這些病原體要侵入人體時，遭遇的第一道屏障就是我們的皮膚。

由於皮膚的細胞之間銜接得十分緊密，細菌或病毒根本無法通過，但是皮膚一旦出現傷口，病原體就能由此侵入。

這時身體做出的反應，就是傷口周遭的血管會擴張，鬆開血管壁讓白血球離開血管。而這些白血球，就是所謂能消滅病原體的免疫系統一分子【圖16－2】。

人體的免疫系統可分為先天性免疫及後天性免疫。白血球有好幾個種類，有的執行先天性免疫工作（巨噬細胞及樹突狀細胞等），有的負責後天性免疫工作（B細胞及T細胞），

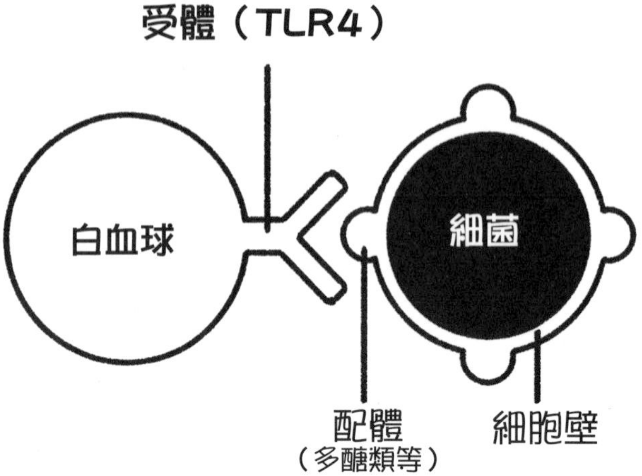

【圖 16-3 受體與配體】

當病原體侵入人體時，最先出動的是先天性免疫系統。

從前，先天性免疫被認為是一種很單純的系統，會籠統地將所有病原體都視為同一種敵人。但實際上，先天性免疫系統相當複雜，目前已知它能夠判別不同的病原體，並分別給予最有效的攻擊。

假設細胞表面有個突出的蛋白質稱為A，是細胞的一部分。A會與外來的B分子結合，B可以是蛋白質，也可以是非蛋白質。在這種情況下，我們稱A為受體，B為配體。

負責先天性免疫的白血球也有受體，能夠辨認入侵的病原體種類。而這些受體之一的類鐸受體（TLR, Toll-like receptor），又分成好幾個種類，例如TLR3是與病毒結合，TLR4與細菌結合，TLR5則與寄生蟲結合。辨識

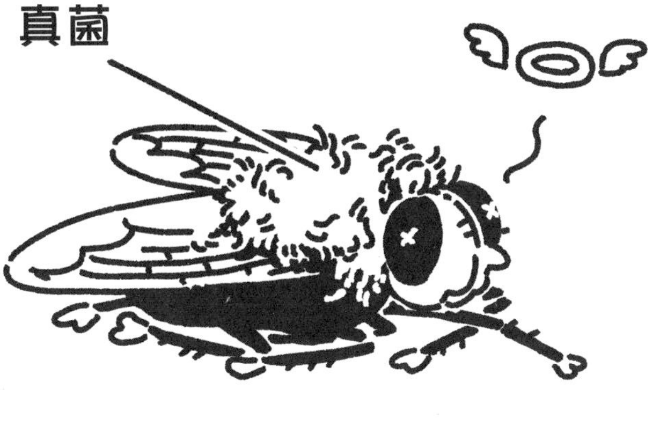

【圖 16-4 類鐸受體基因無法正常表現的果蠅】

出病原體的種類之後，免疫系統就可以展開攻擊。附帶一提，TLR4具體來說會和細菌細胞壁上的多醣類等結合，而就如先前提過，要改變細菌的細胞壁非常困難，因此TLR4屬於一種長效型的受體【圖16－3】。

絕大部分（也有一說是九五％）的免疫反應，都是屬於先天性免疫。雖然有頷脊椎動物以外的生物都只有先天性免疫系統，但這樣就已經足以對抗病原體，保護自己不受傷害，所以先天性免疫至關緊要。

舉例來說，果蠅製造類鐸受體的基因一旦無法正常表現，體內就會長滿真菌而難以存活【圖16－4】。

人類的抗體種類有數十億

人類屬於脊椎動物，除了先天性免疫，也具有後天性免疫。病原體侵入人體後，不同於立刻迎戰的先天性免疫系統，後天性免疫系統通常要過幾天才會啟動。要等那麼久才開始運作，這種免疫系統還有存在的意義嗎？

以大腸菌為例，在條件良好的情況下，大腸菌每二十分鐘會分裂一次，這樣計算下來，一個小時可以增加八倍，半天就能增加約七百億倍。縱使實際上不會增加到那麼多，但由於後天性免疫要好幾天後才啟動，在這段等待的期間，人體早就被病原體占滿，甚至死亡了。後天性免疫無法像先天性免疫那樣，在病原體入侵的第一時間行動，確實是件麻煩事。

既然如此，為什麼人體還是有後天性免疫系統呢？這是因為它驅除病原體的能力十分強大、專一。病原體的種類繁多，先天性免疫雖然能加以辨識，但頂多只會認出數十種。相對地，後天性免疫能辨識的病原體就很多了，甚至可高達數十億種。這樣一來，不管入侵的病原體是哪一種，後天性免疫想必都有能力因應。

後天性免疫的種類也有很多，最具代表性的就是抗體。這是由負責後天性免疫的B細胞（一種白血球）所製造的蛋白質（免疫球蛋白），當抗體與病原體結合後，就能攻擊病原體。具體來說，抗體可以包圍病原體使它無法活動，也能連結一群病原體令其沈澱，或是結合病原體讓巨噬細胞更容易吃掉它們。巨噬細胞也屬於白血球，是一種會像變形蟲般活動並吞噬病原體的細胞【圖16－5】，對於防禦外敵入侵人體有著極大貢獻。

類似這樣的抗體，據說有數十億種之多。但仔細想想，這又有點奇怪。

在204頁曾經提過，我們很難對基因下明確的定義，而在本書中，我暫時把能夠指定核苷酸製造出一個蛋白質的部分，稱為一個基因。也就是說，一個基因可以對應一個蛋白質，根據這樣的條件，人類DNA上的基因大約有兩萬個。

而抗體是稱為免疫球蛋白的蛋白質，既然一個基因只能製造一個蛋白質，兩萬個基因製造出來的蛋白質，應該也不會超過兩萬種。既然如此，為什麼抗體的種類會出奇地多呢？

【圖 16-5 巨噬細胞】

利根川進

解開這個謎題的是一九八七年獲得諾貝爾生理醫學獎的利根川進。在此之前，一般都認為人類誕生後，體內的DNA就不會改變，利根川進卻發現，人類出生後體內的DNA還是會變化，而這是由抗體的多樣性造成。

人類的抗體分成五類（種類）——IgG、IgM、IgA、IgD、IgE。當中的Ig是免疫球蛋白（immunoglobulin）的簡稱。在所有抗體中，IgG的數量最多，約占七五%；最少的是IgE，所占比例低於〇・〇〇一%，但IgE會誘發花粉症，與過敏反應有關，也因此成為眾人熟知的抗體。

這五類抗體還能再各自細分出許多種類，因此抗體的種類可多達數十億。

最具代表性的抗體IgG是由四種蛋白質構成，這些蛋白質聚集成Y字形，其中有兩個特別長的稱為重鏈，另外兩個比較短的稱為輕鏈。重鏈與輕鏈又分成可變區和固定區兩個區域。所有種類的IgG固定區都是一樣的，可變區則各有不同形態。由於人體內有許多IgG，可變區的種類也多如繁星，正因如此，無論哪一種病原體侵入人體，都會有相對應的IgG來清除這些入侵者【圖16-6】。

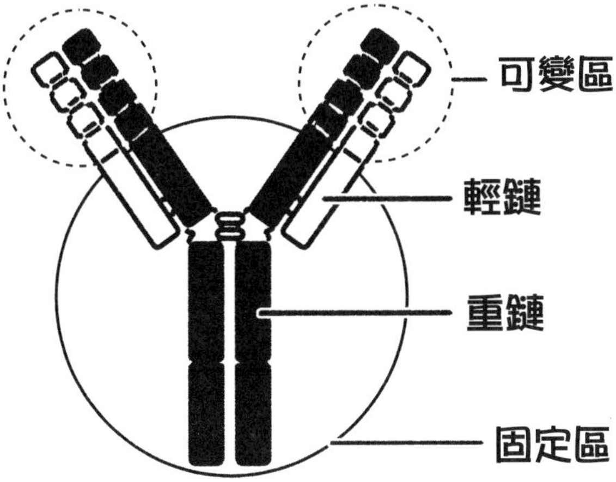

【圖 16-6 IgG 的重鏈與輕鏈】

種類越多，免疫系統更強大

形成脊椎的脊椎骨及保護心臟、肺臟的肋骨中都有空洞，內含膠質似的柔軟組織，稱為骨髓，也就是製造紅血球與白血球的地方。

骨髓首先會製造造血幹細胞，這是製造血液中血球的細胞，能分化出紅血球及各類白血球。製造抗體的B細胞是白血球的一種，所以也是從造血幹細胞分化而來。造血幹細胞在分化為B細胞的過程中，B細胞內的基因會重組生變，而重組的場所就在製造抗體的基因內。

抗體的基因在DNA上會分成許多片段，以人類IgG的重鏈基因為例，數量最多的V片段有六十五個，次多的D片段有二十七個，第三多的J片段則有六個。B細胞在成熟的過程中會從V、D、J各挑出一個片段進行組合，沒被挑中的片段就遭到捨棄。每個B細胞都會個別發生這樣的基因重組，因此重鏈組合的可能性高達六十五×二十七×六＝一萬五百三十種，而輕鏈也是如此。

抗體的多樣性還不止於此。抗體並非與攻擊人體的病原體整個結合，而是與病原體的一部分結合，與抗體結合的部分則稱為抗原。完成基因重組的B細胞，亦即成熟的B細胞若遭遇抗原，基因還會再次產生變化，加上這個部分，抗體的種類才會高達數億到數十億。

先前提過，DNA中有A、T、G、C四種含氮鹼基，這些鹼基的排列方式（鹼基序列）就是遺傳訊息；鹼基序列中只要有一個鹼基出現變化，就稱為點突變。成熟的B細胞遭遇抗原時，在一種稱為AID的酵素作用下，抗體基因會發生點突變。因點突變而進行小幅修復的抗體，有些與抗原的結合力會降低，有些會變高，最後結合力變高的抗體雀屏中選，成為更優秀、更能發揮功效的抗體。

—了解花粉症的誘發機制—

對於人類的生存來說，免疫系統非常重要，一旦無法運作會很麻煩，但要是反應過度，同樣也會造成困擾。免疫系統無法運作稱為失能，反應過度則稱為過敏。

花粉症就是大家耳熟能詳的過敏症狀。引發過敏的抗原稱為過敏原，而花粉症的過敏原就是花粉。在日本，尤其以柳杉樹的花粉誘發的花粉症最為常見。

有一種白血球稱為肥大細胞（mast cell），不過我們的血液中並沒有這種細胞。骨髓製造出來的造血幹細胞，可能是在尚未分化時就經由血液被運送到身體各組織，之後再分化成肥大細胞。肥大細胞通常分布在皮膚、粘膜等病原體容易入侵的地方，細胞表面則具有先前提過的類鐸受體，一旦辨識出病原體，就會分泌可以攻擊該病原體的物質。

此外，肥大細胞的表面也有 IgE 受體，這正是造成花粉症的原因。誘發花粉症的機制主要分成兩個階段：

第一個階段是從我們的鼻孔吸入花粉開始。感應到吸入花粉時，B 細胞會製造 IgE，而 IgE 會和肥大細胞表面大量的 IgE 受體結合。換句話說，當花粉進入鼻腔後，肥大細胞的表面便結合了 IgE。

第二個階段則發生於人體再度吸入花粉時。我們的鼻孔粘膜上有肥大細胞，其表面已經布滿大量的 IgE，之後再進入鼻孔的花粉則會陸續與這些 IgE 結合。花粉透過 IgE 與肥大細胞結合，在這樣的刺激下，肥大細胞內部的組織胺會全被釋放出來，而這些組織胺正是引發花粉症四大症狀（打噴嚏、流鼻水、鼻塞、眼睛癢）的原因【圖16－7】。

了解誘發花粉症的機制後，就能找到預防的方法。首先是避免接觸過敏原，在花粉飄散的季節，外出時可以配戴口罩或眼鏡，回家後則要漱口或擤鼻子。

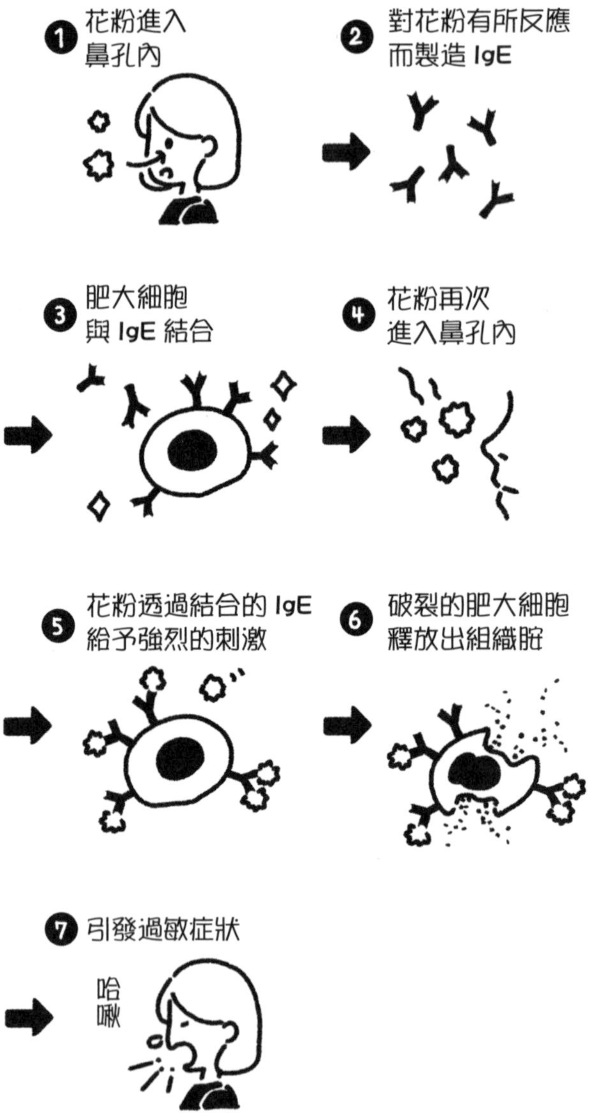

【圖 16-7　花粉症的運作機制】

其次是降低肥大細胞的活性，抑制肥大細胞因花粉釋放組織胺，目前市面上也有販售這一類的眼藥水或鼻劑。組織胺若是已經釋放出來，也可以使用抗組織胺藥劑。

近百年來，因花粉症誘發過敏而深受困擾的人數，增加了百倍之多，真正的原因尚不明朗，但推測有以下幾個可能性。

由於下水道普及等衛生狀態的改善，人類周遭的病原體減少許多，這當然是好事，但感染減少了，過敏案例卻不斷增加。或許是我們的生活環境更乾淨了，免疫系統產生變化，才導致過敏症狀增加，因此有一派的說法是：生活在比較髒亂的環境中，可以預防過敏。

還有一派的說法較為奇特，認為過敏是我們腸道內的寄生蟲減少所致。

這樣的說法也不無可能，只不過這些意見若是對的，那麼我們的環境究竟要髒到什麼程度才算剛好呢？這可真是一大難題。

世上有許多問題仍未定論，而遇到這種難關時，人們往往會因為焦慮不安而輕易採納某種說法且深信不疑，對於其他的說法則完全否定，因為這樣心情會輕鬆得多。不過，對於懸而未決的問題，能耐住性子靜候答案出現，也是很重要的事呢。

書看著看著，竟然鼻塞了……
你這個不算是花粉症吧！
擤～

第17章

會演化的癌症

癌細胞最棘手的問題，就在於它會演化。
當癌細胞突變並繼續分裂，新種的癌細胞也會增加；
癌細胞甚至會轉移到其他臟器，
由於適應新環境而演化出迥異的形態，
根治的難度也就更高。

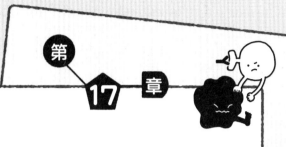

—— 有細胞大量聚集，不見得就是多細胞生物 ——

很久很久以前，地球上只有單細胞生物，而當時並沒有癌症這種疾病。後來，在十幾億年前演化出最初的多細胞生物時，癌症也跟著出現了。癌症是一種只會在多細胞生物身上發作的疾病。那麼，為何只有多細胞生物會罹患癌症呢？

細菌這種單細胞生物會從一個分裂成兩個，而且原則上會不斷重複這樣的分裂過程。當然在環境惡化時，就算是細菌也會死亡，但只要環境條件不會太差，細菌就能永遠、持續地分裂。換句話說，細菌可以長生不死。

生命若是誕生於四十億年前，現在存活的細菌，可以說是這四十億年間不斷分裂而來。在這個過程中，只要中途停止過一次細胞分裂，細菌的生命便隨之告終，也就無法再延續子嗣。因此目前存活的所有細菌，可以說都有四十億歲了。

當細胞由一個分裂成兩個，也可說是世代交替的時刻，因為細胞在分裂前與分裂後，算是獨立的兩個個體。從這個角度來思考，細菌並非四十億歲，但這四十億年間沒有死亡也是事實。換句話說，單細胞生物的生命是永恆的。

反觀多細胞生物則是由大量細胞集合而成，但又不只是如此的生物。只是由大量細胞集合而成的生物稱為單細胞群體，是指同一種單細胞生物的集合。

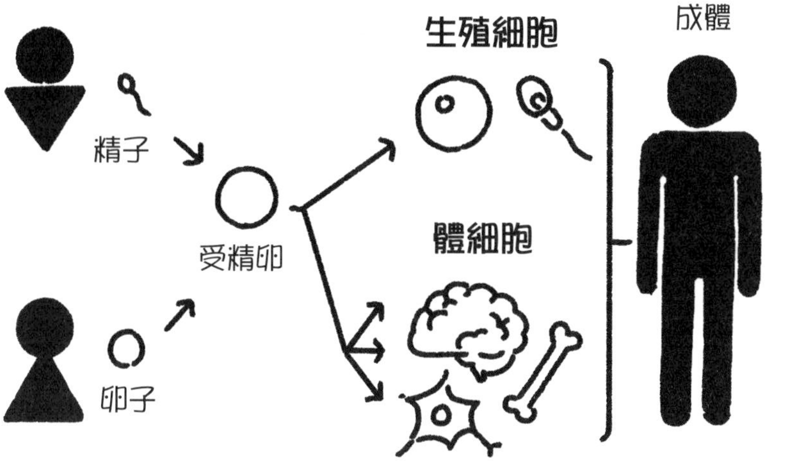

【圖 17-1　生殖細胞與體細胞（人類）】

人類是多細胞生物，但任誰一開始都是單細胞生物。人生的起始點是受精卵，而受精卵只是單獨的一個細胞，之後不斷歷經分裂，必須分裂出大約四十兆個細胞，才能成為完整的人類。

進行分裂時，細胞又可大略分成兩種——能夠將遺傳訊息傳遞給子孫的細胞，以及無法將遺傳訊息傳遞給子孫的細胞；前者稱為生殖細胞，後者則稱為體細胞【圖17－1】。

例如，我們的手是由體細胞構成，在我們死亡後也就失去用處。我們的手既無法生出後代，手的細胞也無法傳給子孫，手就像是拋棄式物品，只供我們自己這一代使用。

生殖細胞則非如此，而是能延存給後代。生殖細胞可以被大量製造，但實際上成為子代的僅有其中的少數。不過，所有的生殖細胞都有機會傳給子孫，也都有機會長生不死，這一點就與體細胞大不相同。體細胞遲早一定會死亡，只要個體死去，所有體細胞也會跟著凋亡。

單細胞生物本身就像是生殖細胞，當這樣的單細胞生物中出現了類似拋棄式物品的體細胞，就變成了多細胞生物——

單細胞生物（≒生殖細胞）＋拋棄式的體細胞＝多細胞生物

換句話說，細胞種類只有一種時，稱為單細胞生物；細胞種類有兩種以上，則稱為多細胞生物，其中至少有生殖細胞、體細胞這兩種細胞。生殖細胞必須將遺傳訊息一五一十傳給子孫並保有分裂能力，所以不太能隨意改變；屬於拋棄式性質的體細胞就沒有這層顧忌，即使出現極端的變化導致分裂能力喪失也無妨。畢竟人一旦死去，體細胞就跟著死去不再有用，所以體細胞只要在人活著時確實執行任務就好，也可以衍化出不同的形態或功能。至於像受精卵這樣毫無特異功能的細胞衍化為功能、形態迥異的體細胞時，則稱為「細胞分化」或「分化」。

因此，同樣是由大量細胞集合而成的生物，只有一種細胞的稱為單細胞群體，有兩種以上的稱為多細胞生物——或者也可以說，有體細胞（分化後的細胞）的稱為多細胞生物。

癌細胞是多細胞生物中的單細胞生物

我們體內的體細胞，絕大多數都是乖巧又聽話。體細胞的分裂次數通常都是固定的，到達該分裂的次數後就不會再分裂，有的體細胞甚至會自行死去。

不過，有些體細胞的基因會發生突變。例如在細胞分裂時ＤＮＡ的複製增加，於是出現複製失誤，或是接觸放射線導致ＤＮＡ變化等，都會造成細胞性質的改變，有時還會使已經分化的細胞回到未分化的狀態。

在這種情況下，分化的體細胞中出現了未分化的細胞，而未分化的細胞，就類似先前提過的單細胞生物。

不同於一般的體細胞，這個新生的（類）單細胞生物可不像周遭的細胞那麼聽話，乖乖遵循既定的分裂次數，而是會持續地分裂，努力創造自己的後代。

但說起來也不能怪它，畢竟這是生物的本性。無論是乳酸菌或變形蟲，所有的單細胞生物都是如此，才能歷經四十億年依然生生不息。

然而對多細胞生物來說，體細胞中出現單細胞生物可就不妙了。單細胞生物不斷增生，有時甚至會積極地侵犯體細胞，等於在傷害多細胞生物的身體。而大多數的癌症，都是產自多細胞生物體內的單細胞生物，也就是分化的體細胞中出現的未分化細胞。

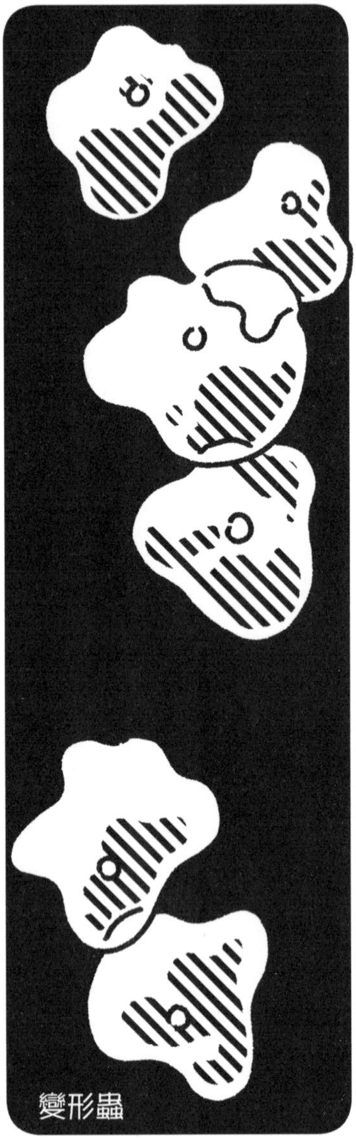

癌症最令人困擾的問題就是演化。舉例來說，癌細胞分裂成兩倍的時間，最快只需要一天；然而，整塊癌細胞——也就是腫瘤——要變成兩倍大，卻得花上百日左右（這一點會因人而異），腫瘤變大的速度倒是比想像中還要慢。

假如癌細胞以每天兩倍的速度增生，一百天之後，腫瘤的大小照理說應該是一百億×一百億×一百億這麼大。而癌細胞卻只能以兩倍速成長，這是因為細胞分裂增生的癌細胞大部分都會死亡。為什麼會有這麼大量的癌細胞死亡呢？

癌細胞要生存並不容易，為了活下去，同樣得攝取氧氣與食物。但癌細胞始終不斷地增加，氧氣與食物消耗得非常快，癌細胞於是彼此爭奪資源，唯有勝利者才有辦法留下。

此外，免疫系統也會攻擊癌細胞，使其陸續死亡。實際上，我們的身體每天都會製造出好幾千個癌細胞，只是全都被免疫系統趕盡殺絕，才使我們倖免於難。

即使罹患了癌症，只要針對癌症進行治療，抗癌藥物等也會開始攻擊、殺死癌細胞。既然如此，為什麼癌細胞不會滅絕呢？這是因為癌細胞會演化。

癌細胞進行細胞分裂時，其中的基因偶爾會產生突變。雖說這是偶爾的狀況，但頻率還是比正常的細胞高出數百倍。

突變的癌細胞繼續進行分裂，新種的癌細胞也會逐漸增加。於是，癌細胞的種類越來越多樣化，根治癌症的難度也就更加提高。

癌細胞的種類一增多，有可能對免疫系統的某種攻擊產生耐受性，甚至因此出現免疫系統也無法擊退的癌細胞。

更可怕的是，癌細胞還會轉移到其他的臟器。事實上，轉移到其他臟器的癌細胞多半會因為無法適應新環境而死亡，但還是有部分能夠存活。這些活下來的癌細胞由於適應新環境而受到天擇作用，演化出與之前完全不同的形態，癌細胞就這樣變得更加多樣化。

對於不斷演化的癌細胞，我們又該怎麼做才好呢？

癌細胞踩住了免疫系統的煞車器

T細胞是承擔後天性免疫工作的細胞之一，而其中的殺手T細胞則以能夠殺死癌細胞廣為人知。只是這種攻擊性說來容易，真要行使起來可沒有那麼簡單。

殺手T細胞的表面有個蛋白質突起，稱為T細胞受體，藉此可以辨識出非己方的抗原，也就是癌細胞。前一章提過B細胞能製造稱為抗體的蛋白質，在B細胞中，抗體可以透過基因重組衍生出數十億不同的種類；實際上，T細胞受體也能經由基因重組形成有如抗體般高度的多樣性。所以無論癌細胞如何演化，都逃不過T細胞受體的追擊；任憑癌細胞再怎麼改變，也一定會出現能夠辨識它的T細胞受體。

於是，癌細胞放棄逃離T細胞，改以其他方式避開T細胞的攻擊。其實在T細胞的表面，有著功能類似油門與煞車的蛋白質，一踩油門，T細胞會展開激烈攻擊；踩下煞車，T細胞會降低攻擊性。而被T細胞抓住的癌細胞，則會踩下T細胞的煞車器。

這種煞車器有好幾個，其中日本人所發現的是PD-1。這是一九九二年由當時京都大學本庶佑研究室的研究生石田靖雅所發現，並因此為癌症治療帶來一道新的曙光。

假設T細胞發現了癌細胞，亦即T細胞表面突出的T細胞受體與癌細胞的一部分結合了。接下來T細胞將對癌細胞展開攻擊，這時癌細胞則趕緊利用一種稱為PD-L1的配體，讓它與T細胞表面突出的PD-1受體結合。

PD-L1是突出於癌細胞表面的蛋白質，功能就像是踩煞車的那隻腳；當它與PD-1結合後，T細胞的作用力就會減弱，因而停止攻擊。

也就是說，當T細胞的T細胞受體與癌細胞結合後，癌細胞會反過來以PD-L1與T細胞的PD-1結合，致使T細胞踩下煞車，停止攻擊行動。

本庶佑

不論癌細胞逃往何處，總能將它逮捕歸案

那麼，該怎麼做才能讓癌細胞踩不了煞車呢？答案就是為煞車器加上蓋子，這樣癌細胞就踩不下去了。具體來說就是製造PD-1的抗體，讓癌細胞無法與PD-1結合。

假設T細胞發現了癌細胞，其表面突出的T細胞受體與癌細胞的一部分結合，癌細胞於是趕緊派出PD-L1，要讓它與T細胞的PD-1結合。此時PD-1若已經與抗體結合，癌細胞的PD-L1便無法再行結合，T細胞就可以啟動攻擊，殲滅癌細胞【圖17－2】。

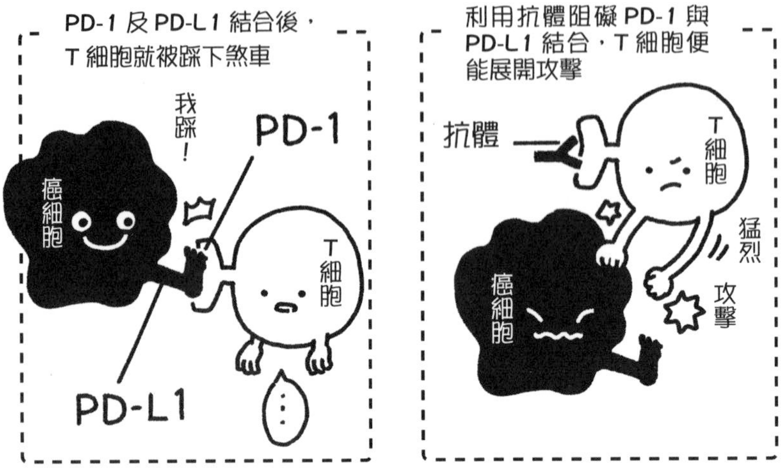
PD-1及PD-L1結合後，
T細胞就被踩下煞車
我踩！
PD-1
癌細胞
T細胞
PD-L1
…
利用抗體阻礙PD-1與
PD-L1結合，T細胞便
能展開攻擊
抗體
T細胞
猛烈
攻擊
癌細胞

【圖 17-2　殺手T細胞的攻擊】

這項療法的優點是不論癌細胞如何演化，都無法逃離T細胞的攻擊，因為T細胞受體的優異多樣性，一定能夠識破癌細胞的真面目。

截至目前為止，用以治療癌症的方法主要有三種：服用抗癌藥物、進行外科手術和接受放射線治療，當然也還有其他療法，只是效果都不很明顯。然而，不讓癌細胞踩下T細胞煞車器的免疫療法，很有可能比這三種療法更加有效。

除了PD-1之外，目前已知另一種承擔免疫系統煞車功能的蛋白質是CTLA-4。二〇一八年的諾貝爾生理醫學獎，就是頒發給發現PD-1的本庶佑和發現CTLA-4的詹姆斯・艾利森（James Allison），以肯定兩人在癌症免疫療法上的貢獻。

也恭喜艾利森先生獲得諾貝爾獎！
發現了CTLA-4！

第18章

千萬不要大口乾杯

想喝酒時，該注意些什麼呢？
第二重要的是飲酒要適量，可以一邊吃點東西，
開始說話含糊或走路不穩，就要及時打住。
至於第一重要的事，就是不強迫別人喝酒。

喝下多少酒精才會醉？

這是我從某位老師那兒聽來的故事——以前的貧窮大學生因為沒錢買酒，於是溜進了化學實驗室偷喝實驗用的酒精（做這種事當然要不得）。雖然都叫酒精，但酒精其實也分成不同種類，平常我們喝的酒，是一種稱為乙醇的酒精。

那些溜進實驗室偷喝酒精的學生中，有一些喝到的不是乙醇，而是甲醇。誤喝甲醇的學生於是失明了，因為甲醇在體內很難分解，而且還是劇毒。

不同於當年，現在實驗室裡使用的酒精就算喝了也沒什麼大礙。但為了安全起見，大家還是要知道一下——乙醇才是可以喝的酒精。

市面上販售的啤酒、清酒等酒精飲料，會以「度數」來表示其中的酒精成分。若要表示所含有的酒精比例，通常可以採用體積比或重量比等形式，但要標示酒精的「度數」時，則是採用體積比的數值。具體來說就是當全部的體積為一百時，其中的酒精所含的比例數值，也就是「體積百分比」。

至於要喝下多少酒精才會醉的參考值，則稱為血中酒精濃度（血液中的酒精濃度），其中的酒精是以重量來標示。因此計算血中酒精濃度時，必須以重量而非體積表示。我們可以試著來計算一下：

假設你喝下了一罐五百毫升、酒精成分為五度（＝五％）的罐裝啤酒。乙醇比水輕，一毫升的重量約為〇・七九克（水約為一公克）。因此罐裝啤酒中的酒精大概有五〇〇×〇・〇五×〇・七九＝約二〇克。

接著來計算人體中的水分。雖然我們要算的是血中酒精濃度，不過除了血液，酒精也會溶於人體的水分中，因此以人體全部的水分除以喝下的酒精，算出來的數值就差不多等於血中的酒精濃度。

成人體內的水分約占體重的三分之二，假設你的體重是六十公斤，體內的水量大概就是四十公斤。這樣一來，你的血中酒精濃度則是二〇克÷（四〇×一〇〇〇）克＝〇・〇〇〇五＝〇・〇五％。

由此算式可知，體內的水分越多，血中酒精濃度就越低。體型越高大的人，體內的水分越多，因此也比較不容易喝醉。

當血中酒精濃度達到〇・四％時，就有急性酒精中毒的危險，而喝下八罐五〇〇毫升的罐裝啤酒（單純以計算而論），就能達到這個濃度。

不過，這個算式並沒有把人體對酒精的吸收能力與分解速度也列入考量，但即使並非百分之百正確，還是可以做為參考值。

空腹乾杯是最要不得的事

喝下去的酒精首先會進入胃部，胃不會吸收水分，但會吸收酒精。喝掉的酒精有三〇%左右被胃吸收，剩下的七〇%才是經由小腸吸收，這些被吸收的酒精會從胃或小腸的微血管進入人體。嘴巴與大腸也會吸收酒精，只是量非常少。

肉類或蔬菜等食物的體積很大，因此無法直接被身體吸收，必須靠各種酵素消化，也就是把食物變得小一些，這個過程非常費時。而酒精可以直接被吸收，所以身體吸收的速度非常快，尤其一進入小腸更是如此。喝下肚的酒精若直接到達小腸，並立刻被吸收，血中酒精濃度一定會瞬間飆高，而能夠防堵這種狀況的就是胃部。

邊吃東西邊喝酒，酒精會隨著食物先在胃部停留一小段時間，之後再一起被慢慢送往小腸。這樣一來，血中酒精濃度便會緩緩升高，也不至於衝到最高值爆表。如果空腹喝酒，酒精幾乎是直接通過胃部、立刻抵達小腸，血中酒精濃度也會瞬間飆高。聚會時若因為遲到，空著肚子就被罰酒三杯，而在瞬間喝下大量的酒精，這種行為其實非常危險。

一邊吃東西，再一點一點慢慢喝酒，血中酒精濃度不會升得太高，也不太會降下來；而空腹時大口乾杯，血中酒精濃度會驟升，但下降速度也很快。於是，有人或許會這麼想——空腹喝酒會讓血中酒精濃度立刻竄高，我知道這樣很不好，但血中酒精濃度也會很快就下降，一高一低不就扯平了？既然如此，大口喝酒也無所謂吧？

這樣想可就錯了。舉例來說，你住在大樓的三樓，這棟大樓沒有箱型電梯、也沒有手扶電梯，如果想去一樓，就只能走樓梯。但是你想了想，這樣好麻煩，爬樓梯太花時間了，其實還有個更好的辦法，就是直接從樓上跳下去啊。反正不論爬樓梯或跳下樓，消耗的位能都一樣，跳下去或許會痛，但一下子就結束了，所以一高一低就扯平了。

但是，你一定會走樓梯。下樓的動作會對身體造成小小的衝擊，但還不至於損壞身體，而跳樓可是會嚴重傷害身體，說不定還因此送命，所以縱使比較耗時，你還是會走樓梯。

慢慢喝酒，讓酒精跟著食物一起下肚，跟選擇走樓梯是一樣的道理；空腹時大口喝酒，就跟直接跳樓沒兩樣。既然大口猛喝酒後死掉的人不在少數，用跳樓比喻也不算太過分。

經過胃及小腸吸收後進入血液的酒精，會漸往身體各處擴散。由於酒精能穿過細胞膜，因此也能進入細胞中。除了血液之外，人體各處都含有大量的水分，就連細胞內外也是，而酒精可以融入這所有的水分之中。

更需要注意的是，酒精也能進入腦部。腦部是相當重要的器官，因此具備了防堵有毒物質進入的構造，稱為血腦障壁，是由星形膠質細胞（astrocyte）所構成。但酒精卻有辦法穿越星形膠質細胞的細胞膜，突破有如銅牆鐵壁的血腦障壁進入腦中，進而對腦內的神經細胞造成影響，引發酒醉。所謂的酒醉，正是酒精在抑制腦部神經細胞的狀態。

酒精會麻痺腦部、抑制意識

酒精會在體內擴散，分解酒精的場所則是肝臟。乙醇進入肝臟後，首先會透過乙醇去氫酶氧化形成乙醛（去氫酶是指脫去氫的酵素）。乙醛是一種帶有刺激性臭味的無色液體，具有毒性，喝酒之後臉會泛紅、覺得不舒服，很有可能就是乙醛所造成。

乙醛接著會經由醛去氫酶氧化形成乙酸【圖18－1】，乙酸再分解成水及二氧化碳（肝臟之外的細胞也能分解乙酸）。水分經由腎臟以尿液形式排出，二氧化碳則從肺部釋出體外。

只不過，肝臟的分解能力有限，一小時大概只能分解十克左右的乙醇，而一罐五百毫升罐裝啤酒所含的乙醇大約有二十克，分解起來便需要兩倍的時間。此外，分解速度也會因人而異，即使是同一人，不同一天的分解量也不見得相同。總之，肝臟一旦工作滿檔、不堪負荷時，繼續送進來的乙醇便會直接通過肝臟，重新回到體內，酒醉的時間也會跟著延長。

分解乙醇的過程中會產生熱量，所以喝下乙醇後身體會變得暖暖的，只是這股能量無法合成任何營養素，所以不能成為人體的養分。

乙醇還有抑制腦部神經細胞的作用，而且這種抑制是有順序性的。大腦依照胚胎發育時生成的時間，可分成新皮質、舊皮質和古皮質，簡單來說，新皮質負責理性思考，舊皮質與古皮質則掌管情緒和欲望。輕微酒醉時，只有新皮質的功能受到抑制，而原本受新皮質的理

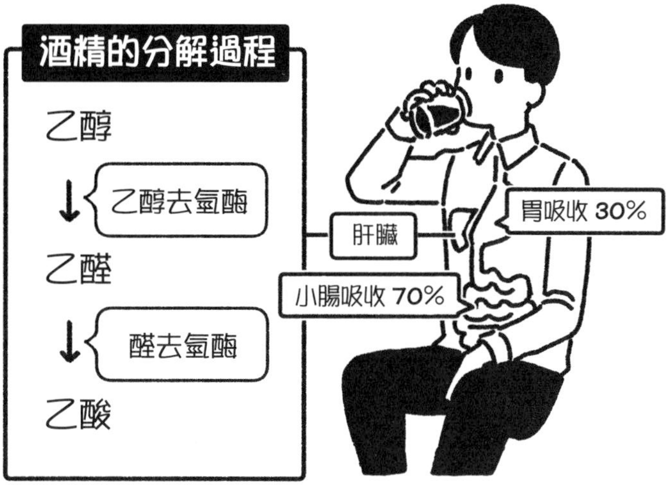

【圖 18-1　酒精的分解與吸收】

性所抑制的舊皮質和古皮質——也就是情緒和欲望——便開始蠢蠢欲動。要是繼續喝酒，腦部其他部分也會漸漸麻痺，人無法直線行走，步伐踉蹌、口齒不清。此時若再喝下去，整個腦部活動都會被抑制，甚至停止呼吸而死亡。

酒精的確會抑制神經細胞的活動，但是否會從新皮質開始依序受到抑制，其實並無法確定。不過要是觀察那些喝酒的人，一開始講話會變得大聲、吵吵鬧鬧，之後肢體動作就越來越失控，有些人最後甚至因此死亡，這整個過程似乎還是足以解釋，酒精是從新皮質開始，依序抑制腦部的活動與機能。

有一點非注意不可的，就是急性酒精中毒的問題。在我年輕時，剛上大學的新鮮人或剛進公司的菜鳥常會被迫喝酒，現今這種情況確實減少了，但也還沒完全絕跡。

急性酒精中毒是指血中酒精濃度上升而失去意識，就如先前提過，當血中酒精濃度到達〇・四％時，就很容易出現這種狀況。

我們的腦部分成四個部分：大腦、間腦、小腦及腦幹。腦幹位在腦部最下方，這裡也是控制呼吸的呼吸中樞。當血中酒精濃度從〇・四上升到〇・五％時，腦幹的呼吸中樞將會麻痺而造成死亡，而只要兩罐啤酒，就能使血中酒精濃度從從〇・四上升到〇・五％（單純以計算而論）。換言之，一旦因急性酒精中毒失去意識，死神恐怕就在不遠處了。

——為什麼兒童不能喝酒？——

大人可以喝酒，小孩則不能喝酒，這是為什麼呢？原因有好幾個，但是最根本的只有一個：大人不會再發育，但孩童還會繼續成長。

即便是已經發育完成的臟器，也可能因喝酒受損，成人若飲酒過量，也是很傷肝的。而比起成人，孩童體內還在發育的臟器，更容易受到酒精傷害，尤其是對腦部影響甚鉅。兒童期和青春期的孩子，腦部的神經細胞網絡正在如火如荼地發育，此時若是喝酒，腦神經網絡就有可能無法正常構成。

這也是為什麼孕婦不能喝酒的原因。酒精不只會在孕婦體內的水分中擴散，也會在胎兒體內的水分中擴散，這樣一來，胎兒的血中酒精濃度將會上升到與孕婦不相上下。就算已經是高中生也不能喝酒，小學生更是不行，那胎兒當然就不用說了。

雖然酒精有如此負面的影響，但愛喝酒的人實在太多，那麼真的想喝酒時，又該注意些什麼才好呢？第二重要的是飲酒要適量，喝酒時可以一邊吃點東西，如果開始說話含糊或走路不穩，就要及時打住。至於第一重要的事，就是不強迫別人喝酒。

人類從好幾千年前（說不定更早）就開始喝酒，但一直到近代，我們才發現酒精對人體的影響。既然大家有幸成為現代人，就應該遵循正確的方法，適量、妥當地飲酒。

酒精也會進入大腦裡啊……
而且還會抑制腦部的神經細胞呢，一定要記住喔。

第19章

iPS細胞與長生不老

對現代人來說，青春永駐不再只是夢想，
甚至還有可能實現到某個程度，
因為我們已經能夠製造出人工幹細胞。
它能分化成各種細胞，使失去功能的組織再生，
因此成為醫療界的殷切期待……

—對青春的憧憬是人之常情—

我曾經看過藤子・F・不二雄的一部漫畫，故事敘述有個認真用功的中學生，整天都在讀書，甚至因此忍住不跟朋友出去玩，也不做任何運動或消遣。他的目標是進入一流的高中和大學，成為人生勝利組。

他家附近有一座豪宅，是某位學者的住居。這位學者在研究上十分成功，並因而致富。中學生見到學者的家，便跟朋友說，自己的目標就是住在像這樣的豪宅裡。

後來因緣際會地在某一夜，學者向中學生提議兩人來交換身體。在中學生眼裡，擁有地位、名聲與財富的學者，是真實地走上了自己夢寐以求的康莊大道，成為人生勝利組，他於是答應了交換身體的提議（實際上漫畫中的設定是交換記憶）。

中學生因此成了擁有地位、名聲與財富的人生贏家，只是學者身染重病，壽命也只剩下六個月。後來又發生了一些事（主要是描述中學生與學者的一些心路歷程，在此省略），中學生終究又跟學者換了回來，大致就是這樣的情節。

當然，上了年紀既不悲慘，也非壞事。嗯，應該是說，也不全然是悲慘或壞事。對於這件事的想法，每個人都不盡相同。

話雖如此，還是有許多人十分憧憬青春。而對現代人來說，青春永駐不再只是夢想，甚至有可能實現到某個程度，因為我們已經可以製造出人工幹細胞。而在人工幹細胞中，最著名的就是ES（embryonic stem cell）細胞和iPS（induced pluripotent stem cell）細胞。

只不過，什麼是幹細胞呢？

─可複製也可分化的幹細胞─

人類的皮膚有三層構造：外側的表皮、中間的真皮，以及內側的皮下組織。外側的表皮又可再分成四層，其中最外側的是角質層，最內側的是基底層。

在最內側的基底層，有基底細胞不斷進行細胞分裂，增加的細胞則被往外推。這些被往外推的細胞稱為角質細胞，其內會合成一種堅硬的蛋白質，稱為角蛋白；而角質細胞在慢慢穿越中間兩層的過程裡，細胞內的角蛋白也會逐漸累積。

等到抵達最外層時，角質細胞已經死亡，只留下由角蛋白形成的角質層，會從表層依序脫落，成為皮垢【圖19－1】。

現在我們已經知道，最內側的基底層會進行細胞分裂，將細胞往外推，最後變成皮垢脫落。但仔細想想，這不是有點奇怪嗎？

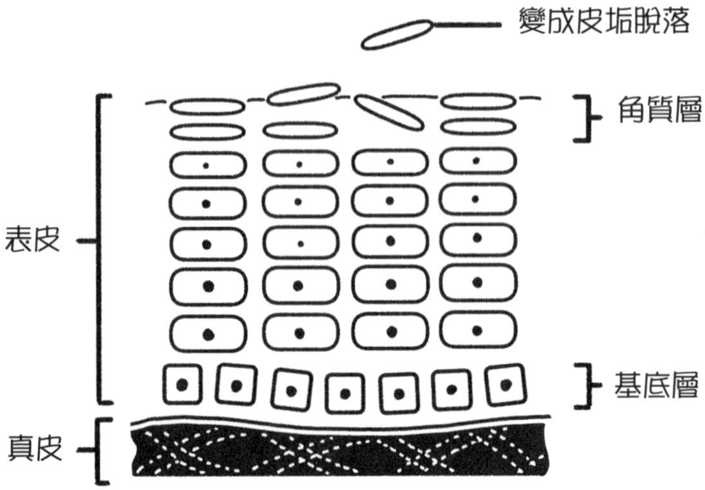

【圖 19-1 皮膚的構造】

就拿單細胞生物來說吧，單細胞生物（母細胞）分裂之後會生出兩個單細胞生物（子細胞），所以子細胞理所當然和母細胞是相同的細胞。剛分裂的子細胞或許會稍微小一點，但過一陣子就會跟母細胞一樣大。

這種細胞分裂方式若是出現在表皮的基底細胞上，會是什麼情況呢？

基底細胞分裂成兩個基底細胞，接著再分裂成四個基底細胞。之後又不斷分裂……不管分裂多少次，就是不會出現角質細胞，因為增加的永遠只有基底細胞。

單細胞生物的細胞分裂，會生出兩個與自己相同的細胞，但是基底細胞的細胞分裂，與這種分裂方式是不一樣的情況。

人體在形成心肌細胞等細胞時，會製造出與自己完全不同的細胞。例如A細胞分裂時，會生出兩個B細胞，而不是A細胞。B細胞再分裂時，會各生出兩個C細胞（共4個），而不是B細胞。人體內的細胞分裂，通常是屬於這個類型。

這種細胞分裂方式若是出現在表皮的基底細胞上，又會怎麼樣呢？基底細胞會分裂成兩個角質細胞，接著再不斷分裂……呃，這樣下去的話，基底細胞不就全消失了？這樣雖然能製造出角質細胞，但是當所有的基底細胞都變成了角質細胞，不就再也無法製造角質細胞了嗎？

形成心肌細胞時的細胞分裂，會生出兩個與自己不同的細胞，但是基底細胞的細胞分裂則有所不同。基底細胞必須製造角質細胞，但是自己也得存在才行。

既然如此，當細胞分裂成兩個細胞時，只要一個是與自己不同的角質細胞，另一個是與自己相同的基底細胞，問題就解決了。

這樣就能不斷製造出角質細胞，而且就算角質細胞再多，有能力製造角質細胞的基底細胞也不會消失。

像基底細胞這種細胞，就稱為幹細胞，既能複製與自己相同的細胞，也能造出與自己不同的細胞。換句話說，就是同時具有自我複製及分化能力的細胞。

ES細胞引發了倫理爭議

表皮的基底細胞為幹細胞，但是只能生成表皮組織，因此稱為組織幹細胞。而在幹細胞之中，也有能夠分化成體內任何細胞的幹細胞。

人的一生始於受精卵，這個單一細胞不斷地進行細胞分裂，大概分裂出四十兆個細胞，才終於成為人類。

受精卵首先會分裂成兩個細胞，接著再分裂成四個，分裂到三十二個細胞時，每個細胞都還是相同的。在受精五天後，細胞已經增加到一百個左右時，便進入了囊胚階段，此時的細胞可以分成兩大類。

第一類是包圍在囊胚外側的滋養層，這個部分會變成胎盤。胎盤是連結胎兒與母親的器官，可以供給胎兒需要的氧氣與養分，回收胎兒排出的二氧化碳與排泄物。

囊胚內有個囊袋，裡面含有液體，其中的細胞屬於第二類——內細胞團，將會發育成胎兒。內細胞團具有分化為神經、皮膚、肌肉等所有細胞的能力，因此是尚未分化的細胞。

不過，內細胞團並不是幹細胞，而是會隨著發育分化為其他細胞後逐漸消失。但若是將內細胞團取出體外，在適當的條件下培養，它便可以自我複製，成為能分化成人體任何細胞的細胞，也就是所謂的幹細胞。

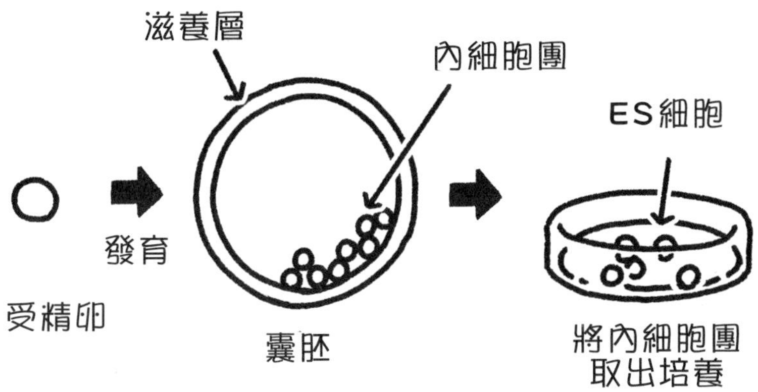

【圖 19-2　ES 細胞的培育】

以囊胚的內細胞團培養而成的細胞，則稱為ES細胞（胚胎幹細胞）【圖19－2】。

ES細胞深受醫療界期待，因為它能夠分化成任何細胞，使失去功能的組織再生，例如為糖尿病患者分化出製造胰島素的細胞，為心肌梗塞患者分化出心肌細胞等。然而，在大家對ES細胞寄予厚望的同時，也產生了一些問題。為了製造ES細胞，就得破壞已開始發育的胚胎，而引發倫理上的爭議。也有人認為，若把精子與卵子受精的瞬間視為人生的開始，破壞受精五天的胚胎，不就等於殺人了？

此外，ES細胞在免疫上也會遭遇排斥的狀況。畢竟ES細胞是以他人的囊胚所培育，由此生成的臟器，對患者來說就是從他人移植而來，免不了會發生排斥反應。

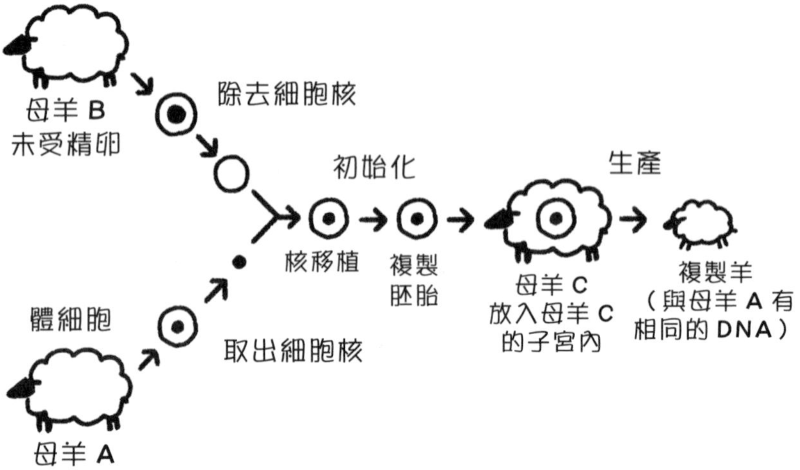

【圖 19-3　複製羊的培育過程】

複製羊桃莉的誕生

在一九九六年，英國的伊恩・威爾穆特爵士（Sir Ian Wilmut）造出了複製羊。所謂的複製（clone）是指兩者擁有相同的DNA，例如利用複製技術造出DNA相同的生物、DNA相同的細胞，或是相同的DNA。

威爾穆特也曾複製兩棲類動物，至於複製人類也包括在內的哺乳類動物，這是第一次。透過複製羊，同時也獲得了解決ES細胞問題點的方法（此外，人類的ES細胞是在兩年後的一九九八年被成功培養出來，老鼠的ES細胞是在一九八一年培養而成）。

威爾穆特是利用羊的乳腺細胞和未受精卵來培育複製羊。乳腺細胞為體細胞，是已經分化的細胞。而整個培育過程簡單來說，就是先將母羊未受精卵中的細胞核除去，再把其他母羊的乳腺細胞細胞核植入這個未受精卵，之後這個經過細胞核移植的卵（複製胚胎）又被放入另一隻母羊的子宮，於是就誕生出了複製羊（命名為桃莉）【圖19－3】。

製造複製羊所使用的細胞是體細胞核及未受精卵，而先前提過從皮膚表層脫落的角質細胞也是體細胞。應該沒有人會認為，角質細胞死亡後變成皮垢這件事違反倫理吧？破壞體細胞，不會有任何問題。

未受精卵的部分，在倫理上也沒有疑慮。女性只要卵巢發育成熟，就會排出卵子，卵子離開卵巢，經過輸卵管來到子宮（附帶一提，卵子是在輸卵管受精，受精後五天才會從輸卵管進入子宮，此時的胚胎處於囊胚階段），若是遇到精子便會成為受精卵，人的一生也就此展開。沒有受精的卵子，一天就會死亡，然後隨著月經排出體外。

伊恩．威爾穆特

培育複製羊時並未使用受精卵，因此就算運用在人類身上，應該也不至於有倫理上的爭議吧？事實卻非如此。雖然沒有使用受精卵，造出複製人仍是重大的倫理問題，所以這個方法並不適用於人類。

儘管如此，這個過程仍讓我們獲得了相當有益的訊息——哺乳類的體細胞可以初始化，也就是讓已分化的細胞回復到最初的未分化狀態（受精卵的狀態）。

細胞在起初尚未分化時，具有可分化成任何細胞的能力。受精卵就是如此，會分化成各式各樣的細胞，同時在這個過程中，逐漸失去變成其他細胞的能力。細胞分化的機制之一就是DNA甲基化，當DNA的一部分與甲基（$-CH_3$）結合，某個基因就會失去功能。

可以分化成任何細胞的ES細胞，是尚未經過分化的未分化細胞；桃莉羊的體細胞，則是已經分化的細胞。而複製羊的誕生，代表已經分化的體細胞，其細胞核回到了尚未分化的狀態，也就是被初始化了。

—換了大腦的你還是你嗎？—

在此之前，我們曾多次提到能夠分化成人體任何器官或組織的細胞，這種細胞大致可以分成兩種：全能性幹細胞（totipotent stem cell）和多功能性幹細胞（pluripotent stem cell）。

全能性幹細胞可以製造出胎盤（連結母親及胎兒的器官）及胎兒，將它放入子宮，就能生出孩子。例如受精卵或複製胚胎，就屬於這一類。

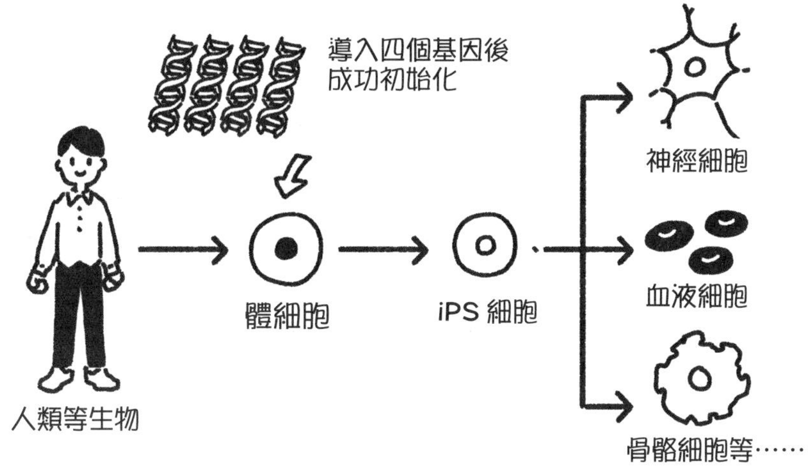

【圖 19-4　iPS 細胞的培育過程】

另一方面，多功能性幹細胞無法製造（完整的）胎盤，即使放入子宮內，也無法生出孩子，但是它能成為任何種類的細胞。例如ＥＳ細胞，以及接著要介紹的ｉＰＳ細胞（誘導性多功能幹細胞），都屬於這一類。

ｉＰＳ細胞是二〇〇六年由山中伸彌、高橋和利培育成功的幹細胞。他們在體細胞內導入四個基因，順利完成初始化【圖19－4】。在這四個基因中，也包含了能使ＥＳ細胞維持多功能性的重要基因。ｉＰＳ細胞是以往在研究ＥＳ細胞或複製時製造出的幹細胞，藉由改變這四個基因的組合方式，就能製造出更優良的ｉＰＳ細胞。

比起以往的幹細胞，ｉＰＳ細胞在使用上更加便利。首先，它不需要使用受精卵，沒有倫理上的爭議，而且是以患者自己的體細胞製

山中伸彌

成，也不太會有免疫上的排斥反應。再加上它是多功能性幹細胞，也不會發生造出複製人的倫理問題。

目前，iPS細胞已成為再生醫療界的殷切期待，山中伸彌也因為成功培育了這種細胞，而以「發現將動物已分化之細胞初始化為多功能性幹細胞」的研究成果，獲得了二〇一二年的諾貝爾生理醫學獎。

iPS細胞是夢幻般的細胞，我們真可以把長生不老的夢想，寄託在它身上嗎？或許我們真能把人體的老舊器官汰換成全新的器官，達到長生不老的境界，但腦部會是個大問題。

以新腦取代舊腦的話，不就變成了意識不同於以往的另一個人，這樣還有意義嗎？人類追求的長生不老，除了肉體的延續，還包括了意識的延續。如果只交換一部分的腦，或許就還能保有原本的意識吧。不過，這個部分仍然只停留在想像的階段。

目前我們還是先期待，這樣的技術可以針對當前的重要課題，像是治療阿茲海默症之類的疾病等，發揮應有的功效和作用吧。

回首一路走來的各種研究，
我很明白iPS細胞為什麼
會如此受到重視與期待了。

對了，iPS是

induced
Pluripotent
Stem cells

的縮寫

後記

只要有興趣，人人都可以發表意見

以描繪古代羅馬浴場的漫畫《羅馬浴場》聞名的漫畫家山崎麻里，曾寫過一個她自己與義大利詩人交往的故事。這位詩人完全沒有生活能力，全靠山崎麻里工作來養活自己。但他雖然沒有工作，卻對工作條件等細節知之甚詳，總是對山崎麻里的工作方式指手畫腳，感覺就是個魯蛇，也因此常鬧出笑話。不過，我對這位詩人倒是有股莫名的親切感。

每天認真工作，對於工作也有不少見解，這樣確實令人敬佩。然而，這並不代表一個不工作的人，對於工作就無權發表任何意見。

認真工作的人，不見得對工作了解透徹。不，應該是說沒有人能夠了解透徹。總是會有當局者迷、旁觀者清的時候；也會有當事者雖了然於胸但難以直言，旁觀者卻能輕鬆一語道破的時候。因此我們不該預設立場，任何人都可以有發表意見的權利。

不過，這裡有一個重點——這位義大利詩人最了不起（？）的地方，就是對工作抱持著高度的興趣（明明沒在工作）。實際上有沒有工作是其次，但如果對工作毫無興趣，應該也不會有任何意見才對。

由於現代科學廣泛而龐雜，還細分成許多領域，想要同時跨足並多方參與，實在非常困難；不過，對多個領域都產生興趣倒不是難事，而且只要有興趣，人人都可以發表意見。

為了幫助大家建立這樣的興趣，我於是寫了這本書。法國雕刻家奧古斯特·羅丹（Auguste Rodin, 1840-1917）很喜歡日本女演員花子，因此以她為模特兒進行創作，雖然有人說花子似乎是個愛慕虛榮的女人，但羅丹就是能看出任何人的美麗之處。至於能否看出這份美好，就憑個人自己的眼光了。

世上萬物都自有美麗的一面，發現了這個美麗之處，就會對它產生興趣，眼中所見的世界也會變得更加美好。我想，生物學（當然其他的領域也一樣）也是一門美麗的學問。這是一本談論生物學的書，若是你正在閱讀（或是已經讀完）本書，認為生物學真是美麗，因而對它產生興趣，甚至覺得它多少豐富了你的人生，那就是我最欣慰的事。

最後，要感謝提供許多寶貴意見給我的鑽石社編輯田畑博文先生，為這本書畫了可愛插畫的はしゃ小姐，以及讓本書變得更加完善的先進們。當然，最感謝的還是閱讀本書的各位，在此謹致上我深深的謝意。

太精采了。
對呀。
覺得自己看待這世界的眼光，似乎有點不同了呢。

Finder 02

只要好好活著，就很了不起
——接受不確定、擁抱多樣性，讓生物學的趣味，豐富你的人生視野！

作者 —— 更科功
譯者 —— 陳怡君

插畫 —— はしゃ
責任編輯 —— 郭玢玢
美術設計 —— 耶麗米工作室

總編輯 —— 郭玢玢
社長 —— 郭重興
發行人兼出版總監 —— 曾大福
出版 —— 仲間出版／遠足文化事業股份有限公司
發行 —— 遠足文化事業股份有限公司
地址 —— 231 新北市新店區民權路 108-3 號 8 樓
電話 ——（02）2218-1417
傳真 ——（02）2218-8057
客服專線 —— 0800-221-029
電子信箱 —— service@bookrep.com.tw
網站 —— www.bookrep.com.tw
劃撥帳號 —— 19504465 遠足文化事業股份有限公司

印製 —— 通南彩印股份有限公司
法律顧問 —— 華洋法律事務所 蘇文生律師

定價 —— 420 元
初版一刷 —— 2021 年 7 月

國家圖書館出版品預行編目（CIP）資料

只要好好活著，就很了不起：接受不確定、擁抱多樣性，讓生物學的趣味，豐富你的人生視野！

更科功著；陳怡君譯.
-- 初版. -- 新北市：仲間出版，遠足文化事業股份有限公司，2021.07 面； 公分. --（Finder；2）
譯自：若い読者に贈る美しい生物学講義：感動する生命のはなし

ISBN 978-986-98920-7-0（平裝）

1. 生命科學

360 110010615